建筑消防系统排烟能力的热烟实验
检验方法和数值模拟

姚浩伟　著

电子工业出版社

Publishing House of Electronics Industry

北京·BEIJING

内 容 简 介

本书提出了用于检验建筑消防系统排烟能力的人工热烟测试方法，设计了由火源、发烟、测量、辅助 4 个子系统组成的热烟测试系统，给出了热烟测试的具体流程；在实验室环境下采用粒子成像速度场仪对人工热烟羽流流场进行了实验观测，基于分形理论对实验得到的烟气图像进行了烟雾纹理分析；对实际建筑大空间的排烟系统进行了现场热烟实验，实现了对排烟系统的排烟能力和防火卷帘的气密性热烟检验，得出了实验现场烟气层界面的变化规律；通过对大空间消防系统排烟能力与火灾烟气的作用模式进行分析，归纳出了排烟风机排烟量与火灾烟量相互作用下烟气层界面移动的三种模式。

本书可作为相关科研或技术人员的参考书，也可供感兴趣的其他人员阅读。

图书在版编目（CIP）数据

建筑消防系统排烟能力的热烟实验检验方法和数值模拟/姚浩伟著.
北京：电子工业出版社，2020.10

ISBN 978-7-121-39809-4

Ⅰ. ①建… Ⅱ. ①姚… Ⅲ. ①建筑物－消防设备－烟气排放－实验 Ⅳ. ①TU998.13-33

中国版本图书馆 CIP 数据核字（2020）第 200068 号

责任编辑：谭海平 特约编辑：王 崧
印　　刷：北京捷迅佳彩印刷有限公司
装　　订：北京捷迅佳彩印刷有限公司
出版发行：电子工业出版社
　　　　　北京市海淀区万寿路 173 信箱　　邮编：100036
开　　本：720×1000　1/16　印张：9　　字数：201.6 千字
版　　次：2020 年 10 月第 1 版
印　　次：2020 年 10 月第 1 次印刷
定　　价：59.00 元

凡所购买电子工业出版社图书有缺损问题，请向购买书店调换。若书店售缺，请与本社发行部联系，联系及邮购电话：（010）88254888，88258888。

质量投诉请发邮件至 zlts@phei.com.cn，盗版侵权举报请发邮件至 dbqq@phei.com.cn。

本书咨询联系方式：（010）88254552，tan02@phei.com.cn。

前　言

　　火灾是威胁公共安全、危害人民生命财产安全的最大灾害之一。在各类事故灾难中，火灾造成的死亡人数仅次于交通事故，同时火灾造成的直接经济损失在各类事故中位居首位。

　　火灾发生时，可燃物热分解的产物和燃烧产物掺混在一起，形成了火灾烟气。烟气是火灾发生时人员安全疏散与消防队员进行救援行动的主要障碍，其危害主要体现在毒性、高温性和遮光性方面。建筑火灾的统计数据表明，火灾死亡人员中高达 80% 为烟气致死。

　　为了降低烟气的危害，各种建筑防火的标准规范中均对消防排烟系统做了相应的规定。但在实际工作中，如何检验建筑中消防系统的排烟能力成为一个难题。对于常规建筑，可以参照标准规范中的具体规定进行检查，但只能检查排烟系统的设计参数和设备数量，无法检验排烟系统的真实排烟能力；对于超出现行标准规范的大型、复杂建筑，则连标准规范都无从参照。

　　检验消防系统排烟能力的方法主要有数学计算、计算机模拟、实验模拟三种方法，其中实验模拟方法是相对最为有效的方法，但在我国的建筑行业，消防系统的安装是与装修同步进行的，实验模拟的对象往往是已完成装修的建筑，如果利用真实火源（如柴油、煤油等）产生烟气进行实验，那么实验过程中的烟气不可避免地会对现场造成较大的污染。因此，需要一种既能具有真实火灾烟气特征又不会对实验环境造成较大污染的方法来进行实验模拟。

　　热烟测试方法是实验模拟方法的改进方案，其基本思想是采取较为清洁的燃料作火源，利用发烟机产生无害、无污染的示踪烟气模拟火灾烟气，从而近似了解烟气流动的状况。热烟测试方法克服了真实火灾实验模拟时间长、费用高、易造成污染的缺点，可以清楚、直观地了解排烟系统的真实工作状况，适用于常规建筑，也适用于大型、复杂建筑，具有较好的应用前景。

　　在实际应用中，通过热烟测试实验发现排烟系统存在的问题后，设计或咨询机构一般会提出改进方案，这时可以使用计算机模拟方法对改进方案进行评估，从而确定较好的改进方案。

　　本书就建筑消防系统的排烟能力进行实验检验和数值模拟研究，主要内容如下：

　　（1）根据 NFPA 92B、AS 4391，综合国内外研究成果，设计检验建筑消防系统排烟能力的热烟测试系统，得到检验建筑消防系统排烟能力的热烟测试流程。

（2）使用粒子成像速度场仪对热烟羽流的速度场进行测量研究，在实验室环境内进行热烟流动特性的实验研究，并与烟羽流的数学计算结果进行对比分析。

（3）对建筑大空间进行热烟实验，检验建筑消防系统的排烟能力。

（4）对不同的实际建筑进行排烟能力的数值模拟，通过与热烟实验的结果对比，验证数值模拟与热烟实验的近似程度，检验消防系统的排烟特性，评估建筑的消防疏散安全性，得到建筑消防系统排烟能力的改进思路与方法。

本书由郑州轻工业大学资助出版。

作者在撰写本书的过程中，得到了中山大学梁栋教授的指导和帮助，在此特别予以感谢。

虽然作者在撰写过程中尽了最大努力，但由于水平有限及时间仓促，疏漏之处在所难免，敬请读者及同行不吝指教。

作者

目　　录

第1章 绪　　论

1.1　研究背景及意义

　　火灾是威胁公共安全、危害人们生命财产安全的最大灾害之一。在各类事故中，火灾造成的死亡人数仅次于交通事故，同时火灾造成的直接经济损失在各类事故中位居第一。我国某十年间火灾事故的部分统计数据如表 1.1 所示[1~5]。

表 1.1　我国某十年间火灾事故的部分统计数据

年　　份	火灾数量/起	死亡人数/人	受伤人数/人	直接经济损失/亿元
第 1 年	258315	2393	3414	15.4
第 2 年	253932	2482	3087	15.9
第 3 年	252704	2558	2969	16.7
第 4 年	235941	2496	2506	13.6
第 5 年	222702	1517	1418	7.8
第 6 年	163521	1617	969	11.2
第 7 年	136835	1521	743	18.2
第 8 年	129381	1236	651	16.2
第 9 年	132497	1205	624	19.6
第 10 年	125402	1106	572	18.8
合　　计	1911230	18131	16953	153.4

　　根据火源类型，火灾可以分为稳定火与非稳定火，其中非稳定火一般以 t 平方火的形式表示。t 平方火的发展过程如图 1.1 所示[6~7]。

　　t 平方火的热释放速率与火灾发展时间的关系可表示为[6~7]

$$Q = \alpha t^2 \qquad (1.1)$$

式中，Q 表示火灾热释放速率，单位为 kW/m^2；α 表示火灾增长系数，单位为 kW/s^2；t 表示火灾燃烧时间，单位为 s。

　　根据火灾增长系数 α 的大小，t 平方火通常分为极快速火、快速火、中速火和

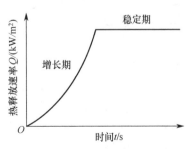

图 1.1　t 平方火的发展过程

慢速火。t平方火的分类标准如表 1.2 所示，不同类型 t平方火的发展曲线如图 1.2 所示[6~7]。

表 1.2　t平方火的分类标准

火灾类型	典型例子	火灾增长系数/(kW/s²)	热释放速率达到1MW/s² 的时间/s
极快速火	快速燃烧的薄板衣柜、轻质窗帘	0.18750	75
快速火	泡沫塑料、木制货架托盘	0.04689	150
中速火	棉质、聚酯垫子	0.01172	300
慢速火	硬木家具	0.00293	600

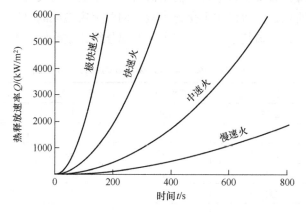

图 1.2　不同类型 t平方火的发展曲线

火灾发生时，热分解的产物和燃烧产物掺混在一起形成火灾烟气。由于火灾发生时参与燃烧的物质种类繁多，发生火灾时的环境条件各不相同，因此火灾烟气中各种物质的组成相当复杂。不过，按相态和气体有害性分类，可以认为火灾烟气是由热解和燃烧产生的气体、悬浮颗粒和剩余空气三部分组成的。烟气的主要成分是气体，悬浮颗粒的含量很少，可以近似地把烟气当作理想混合气体对待，其基本状态参数仍然为压力、温度和密度[8~11]。

建筑火灾的统计数据表明，火灾死亡人数中约 80%为烟气致死。烟气的主要危害如下[8~11]：

（1）烟气的毒性。烟气中含有大量有毒气体，研究表明，火灾中死亡人数约一半是由一氧化碳（CO）中毒引起的。尽管现有火灾数据还无法提供其他有毒气体对人员死亡的可能影响，但大多数研究机构已达成共识，即火灾燃烧的副产物能对人产生极大的危害，并且多种气体的共同存在可能加强了毒性。

（2）烟气的高温危害。火灾烟气的高温对人、物会产生不良影响，人暴露在高温烟气中，65℃时可短时忍受，100℃左右时一般人只能忍受几分钟；另外，人暴露在高温烟气中会使口腔及喉头肿胀而发生窒息。

（3）烟气的遮光性。烟气具有很强的减光作用，使得人们在有烟气场合的能见度大大降低，给现场带来恐慌和混乱状态，严重妨碍人员的安全疏散和消防人员的扑救。

烟气能见度在火灾疏散中是一个非常重要的指标，而在能见度的评价中减光系数起着至关重要的作用。减光系数的计算公式为[8~11]

$$K = -\ln(I/I_0)/L \tag{1.2}$$

式中，K 为减光系数，单位为 1/m；I 为光束离开给定空间时的强度，单位为 Lux；I_0 为光束进入给定空间时的强度，单位为 Lux；L 为给定空间的长度，单位为 m。

能见度表示为

$$V = C/K \tag{1.3}$$

式中，V 表示能见度，单位为 m；C 表示比例系数，对于发光物体取 $C = 8$，对于反光物体取 $C = 3$；K 为减光系数，单位为 1/m。

根据《SFPE 消防工程手册》的推荐要求，火灾发生时人员安全疏散的主要判据如表 1.3 所示[12]。

表 1.3　人员安全疏散的主要判据

项　　目	判　　据
烟气层底部高度	≥ 5m
烟气层温度	≤ 180℃
火场环境温度	≤ 60℃
能见度	≥ 10m

火灾发生时，烟气是建筑内部人员安全疏散与消防队员进行救援的主要障碍。在人员疏散过程中，烟气层只有保持在人群头部以上一定的高度，才能使人员在疏散时不从烟气中穿过或受到热烟气流的辐射热威胁。对于高大空间，定量判断标准是烟气层高度应能在人员疏散过程中满足如下标准：

$$H_S \geqslant H_C = H_P + 0.1H_B \tag{1.4}$$

式中，H_S 表示清晰高度，单位为 m；H_C 表示危险临界高度，单位为 m；H_P 表示人员平均高度，一般取 1.7m；H_B 表示建筑内部高度，单位为 m。

一般情况下，在人员疏散过程中，烟气层应保持在距地面 2m 以上的高度。能见度是反映火灾中烟气浓度的一个指标，根据《SFPE 消防工程手册》的推荐要求，对建筑物不熟悉的人群，能见度应达到 13m，对建筑物熟悉的人群，能见度应达到 5m。大空间内为了确定疏散方向需要看得更远，因此要求能见度更大。火灾中的烟气层高度和能见度对人员疏散具有较大的影响，消防系统的排烟能力对这两项指标均起着重要作用[12]。

为了降低烟气的危害，在各种消防标准规范中，防排烟系统均作为建筑物消防系统的一个重要组成部分被要求。防排烟系统的作用主要有两个：一是在疏散通道和人员密集的部位设置防排烟设施，利于人员的安全疏散；二是将火灾现场的烟气和热量及时排出，减弱火势的蔓延，排除灭火的障碍，是灭火的重要配套措施。

防排烟系统由防烟系统和排烟系统组成，防烟系统主要有密闭防烟和机械加压送风两种方式，排烟系统主要有自然排烟和机械排烟两种方式。在实际应用中，随着大型高层建筑越来越常见，机械排烟的应用越来越广泛。发生火灾时，需要在很短的时间内将火灾产生的烟气排出建筑物，各种标准规范中均对防排烟系统做了相应的规定。

《建筑设计防火规范》和《高层民用建筑设计防火规范》规定，机械排烟系统的最小排烟量应满足表 1.4 中的要求[13~14]。

表 1.4　机械排烟系统的最小排烟量

条件和部位		单位排烟量 $(m^3/(m^2·h))$	换气次数 （次/h）	备　　注
负责 1 个防烟分区		60	—	单台风机的排烟量不应小于 7200m³/h
室内净高大于 6.0m 且不划分防烟分区的空间				
负责 2 个及以上的防烟分区		120	—	应按最大的防烟分区面积确定
中庭	体积小于等于 17000m³	—	6	体积大于 17000m³ 时，排烟量不应小于 102000m³/h
	体积大于 17000m³	—	4	

《人民防空工程设计防火规范》规定，机械排烟风机和风管的最小排烟量不应小于表 1.5 中的要求[15]。

表 1.5　机械排烟风机和风管的最小排烟量

条件和部位	单位排烟量 $(m^3/(m^2·h))$	换气次数 （次/h）	备　　注
负责 1 个或 2 个防烟分区	60	—	单台风机的排烟量不应小于 7200m³/h
负责 3 个及以上的防烟分区	120	—	应按最大的防烟分区面积确定

《汽车库、修车库、停车场设计防火规范》规定[16]：

（1）设有机械排烟系统的汽车库，其每个防烟分区的建筑面积不宜超过 2000m²，且防烟分区不应跨越防火分区。

（2）排烟风机的排烟量应按换气次数不小于 6 次/h 计算确定。

《建筑防排烟系统技术规范》（征求意见稿）规定，一个防烟分区的排烟量应

按下式计算:

$$V = M_\rho T_p / \rho_0 T_0 \qquad (1.5)$$

式中,V 表示排烟量,单位为 m^3/s;M_ρ 表示烟气质量流量,单位为 kg/s;ρ_0 表示环境温度下的气体密度,$t_0 = 20℃$ 时 $\rho_0 = 1.2kg/m^3$;T_0 表示环境的热力学温度,单位为 K;$T_p = T_0 + \Delta T_p$,表示烟气的平均热力学温度,单位为 K。

但下列场所可按以下要求确定[17]:

(1)设有喷淋的客房、办公室,其走道或回廊的机械排烟量不应小于 9000m³/h;具备自然排烟条件的走道,当走道两侧的自然排烟面积均不小于 1.2m² 时可不设置机械排烟系统。

(2)无喷淋的客房、办公室,或建筑面积小于 100m² 且设有喷淋的房间,其走道或回廊的机械排烟量不应小于 13000m³/h;走道两侧的自然排烟面积均不小于 2m² 时可不设置机械排烟系统。

(3)隔间面积小于 500m² 的区域,其排烟量可按 60m³/(m²·h)计算,或设置不小于室内面积 2%的排烟窗。

(4)设有喷淋的大空间办公室、汽车库,其排烟量可按 6 次/h 换气计算且不应小于 30000m³/h,或设置不小于室内面积 2%的排烟窗。

在以上诸多标准规范中,均对不同建筑消防系统的排烟能力做了定量的规定,但在实际的消防工程验收和消防监督中,如何检验实际建筑中消防系统的排烟能力是一个难题。对于常规建筑,可以参照标准规范中的具体规定进行检验,但只能检验排烟系统的设计参数和设备数量,而无法检验排烟系统的真实排烟能力;对于超出现行标准规范的大型、复杂建筑,则连标准规范都无从参照。

检验消防系统的排烟能力时,主要采用数学计算、计算机模拟、实验模拟三种方法[18~21]。

(1)数学计算方法利用一定的经验公式对烟气的流动进行计算,从而实现对排烟能力的检验。这种方法易于计算、成本低,但由于计算假设的理想化、简单化,通常会产生较大的误差,并且难以反映建筑物建造、设备安装等方面存在的隐患。

(2)计算机模拟方法利用一定的数学模型和计算流体力学原理对烟气的流动进行计算,从而实现对排烟能力的检验,但这种方法会因为计算区域设置、网格独立性、软件版本的差异等,使得结果存在一定的不确定性,并且同样难以反映建筑物建造、设备安装等方面存在的隐患。

(3)实验模拟方法在特定的建筑内,通过设置合适的火源,使烟气在现场条件下流动,可以清楚、直观地了解烟气流动状况,并且可以对烟气控制系统的工作状态进行检测,能够反映数值计算难以解决的问题。但实验有一定的局限性,主要是实验所需的时间较长、费用较高，难以对多种火灾场景进行模拟，若采用固体或液体可燃物进行实验，则可能造成较严重的污染或对建筑造成某种损坏。

在以上三种方法中，实验模拟方法是相对最为有效的方法，但在我国的建筑行业，消防系统的安装是与装修是同步进行的，实验模拟的对象往往是已完成装修的建筑，如果利用真实火源（如柴油、煤油等）产生烟气进行实验，那么实验过程中的烟气不可避免地会对现场造成很大的污染。研究者曾对某建筑进行了真实的火灾烟气实验，但实验后对现场进行清理花费了数百万元。因此，需要一种既能具备真实火灾烟气特征又不会对实验环境造成较大污染的方法来进行实验模拟，也就是使用发烟机的实验模拟方法[22]。

热烟测试方法是实验模拟方法的改进方案，其基本思想是采取较清洁的燃料作为火源，利用发烟机产生无害、无污染的示踪烟气模拟火灾烟气，进而近似了解烟气的流动状况。热烟测试方法克服了真实火灾实验模拟时间长、费用高、易造成污染的缺点，可以清楚、直观地了解排烟系统的真实工作状况，既适用于常规建筑，又适用于大型、复杂建筑，具有较好的应用前景[22]。

进行热烟测试时，重要的设备是发烟机，发烟机又称烟雾发生器，它是利用机械发烟装置施放烟气的发烟装备，主要由动力系统和发烟剂供给系统组成，按形成烟气的方式，分为喷洒式发烟机和受热蒸发式发烟机两种。喷洒式发烟机将液体发烟剂经加压和喷嘴雾化后直接送入大气，吸收空气中的水分而成烟气，由钢瓶、活门、橡皮管、金属管、喷嘴等组成。受热蒸发式发烟机内装中性的高沸点液体发烟剂，发烟过程是，将发烟剂加热蒸发形成蒸气，在动力装置作用下经喷嘴雾化后送入大气，吸收空气中的水分而成烟气[23]。

在实际应用中，热烟测试实验发现排烟系统存在的问题后，一般会提出改进方案，这时可以使用计算机火灾模拟方法对改进方案进行评估，从而确定较好的改进方案。计算机火灾模拟是指根据流体力学和热力学原理，利用计算流体力学（Computational Fluid Dynamics，CFD）方法对火灾发生、发展的过程进行数值计算。随着计算机运算能力的提高，近年来其得到了快速发展[24]。

1.2 国内外研究现状

国内外学者针对火灾中的烟气流动、大空间烟气管理、热烟测试、数值模拟等进行了一系列研究[25~129]。

1978 年，英国 BS 5588 标准中就提到了冷烟测试，标准中使用低温烟气的实验仅演示了一座建筑中空气的流动情况，缺少真正的燃烧实验，几乎不可能进行热烟气实验。

1991 年，美国消防协会制定了 *NFPA 92B Standard for Smoke Management Systems in Malls, Atria, and Large Spaces*，根据不同的火源类型和烟气羽流形式，给出了相应的烟气层高度、烟气质量流量等公式，在火灾研究人员中得到了较广泛的应用。

1992 年，有文献统计了当时世界上用于火灾与烟气的研究程序共有 62 种之多，应用领域包含防火区间设计、喷淋启动、火灾燃烧、火警探测器探测与烟气流动特性等。Stephen M. Olenick 于 2003 年更新了统计数据，当时世界上用于火灾与烟气研究的程序已达 168 种，并且将其分为区域模型、场模型、探测器响应模型、疏散模型等。

1999 年，有文献指出，研究者在烟气测试中测量了热释放速率分别为 5kW/m² 和 105kW/m² 时，距地面高度 5m 处的烟气温度分别高出环境温度 0.35℃和 0.7℃；在中庭烟气测试中，热释放速率分别为 5kW/m²、10kW/m²、200kW/m²、500kW/m²、1MW/m² 时，根据 NFPA 92B 计算出烟气与环境的温差仅为 2℃；有效的烟气测试是进行热释放速率至少为 500kW/m² 的燃烧实验。

1999 年，澳大利亚制定了热烟测试标准 *AS 4391-1999 Smoke management systems—Hot Smoke Test*，对热烟测试的装置、程序、火源功率、烟气温度、烟气层高度发展及测试时的人员和环境保护等做了较系统的规定。这是世界范围内唯一一个专门用于热烟测试的标准，此后的研究人员多据此进行热烟测试实验。

2000 年，美国国家标准局发布专用于计算机火灾模拟的软件 FDS，目前已发展到 5.5.3 版，在火灾研究人员中得到了较为广泛的应用。在实际应用中，该模型约有一半用于消防设计的烟气处理系统和自动喷水灭火探测器研究，另一半则包括住宅及工业消防重建。FDS 同时附带一个独立的可视化程序 Smokeview，用来显示 FDS 的计算结果，可以直观地观察火灾中烟气流动的动态过程。

2001 年，有文献指出，建筑物业主与设计者一般基于三点考虑进行热烟测试和计算机火灾模拟，分别如下：① 当真正发生火灾时，防排烟系统可满足防灾需求；② 寻求合理的防排烟系统一次成本与日后维护成本；③ 为满足防灾需求，业主有充分意愿配合减少容留人数与商场营业面积。

2001 年，有文献在进行全尺寸烟气研究后指出，在大空间内，由于空气的卷吸量比较大，烟气的温升（温度升高）并不大，1.6MW 火源，其温升仅为 20 多摄氏度，远远达不到感温探测器和喷淋系统的启动温度。因此在大空间内不宜使用感温型火灾探测装置，同时也表明烟气的危害主要体现在它的毒性和遮光性上。

2001 年，有研究者使用 FDS 软件进行了计算机火灾模拟，完成了 7 个全尺寸火灾实验场景，以验证 FDS 软件的准确性。全尺寸实验场地长 18.3m、宽 12.2m、高 6.1m，内部通风设备可调整 1～12 次换气率，火灾规模最大可达 2MW。研究发现，增加 FDS 建模的节点数并不能有效增加烟气温度的准确性，但可以更加准确地预测烟气羽流的形状。

2002 年，有研究者使用 FDS 软件模拟了发生于 2001 年 7 月的铁路隧道列车火灾。研究指出，计算机火灾模拟的目的是为了预测火灾时隧道表面的最高温度与内部烟气温度，除利用计算机火灾模拟火场温度分布外，研究也在类似的隧道中进行了多个全尺寸实验，以验证计算机模拟的准确性。实验结果与模拟结果显示，两者的温差在 50℃内，验证了使用 FDS 软件进行计算机火灾模拟的准确性。

2002 年，有研究者对某机场行李房进行了大空间机械排烟过程中烟气运动的数值模拟，得到了火灾发展过程中烟气层下降运动的规律及火灾发生时人员安全疏散的时间，指出了现场测试、实验室实验和数值计算方法相结合研究建筑排烟能力的方向。

2003 年，有研究者对地铁车站的烟控系统进行了 3D CFD 计算机模拟分析，以检查地铁车站的烟气流动特性、月台火灾的烟层高度、判断发生火灾时电扶梯是否为无烟路径，以及检查地下车站内部自然补风与人员疏散的关系，还以全尺寸实验验证了所用 CFD 程序的可靠性。

2004 年，有研究者针对 NFPA 92B 中的羽流方程适合于中庭形状系数（A/H^2）在 0.9 到 14 之间的限制，对形状系数小于 0.9 的中庭进行了实验研究，并提出了拟合后的羽流方程。

2005 年，有研究者进行了挑高中庭防排烟系统的全尺寸实验，实验指出，如果挑高中庭设置机械排烟系统，往往排烟量很大，可通过热烟测试的方法验证挑高中庭防排烟系统的排烟性能，其实验结果与 NFPA 92B 中由区域模式发展出的经验公式相吻合。

2005 年，有研究者对某建筑中庭排烟系统进行了热烟测试，实验中起火 15min 后烟气层高度控制在 15m 以上，表明排烟系统满足安全要求。

2006 年，有研究者对某地铁站台进行了冷烟测试实验，并分别使用酒精和木垛作为火源进行了热烟测试实验，根据实验现场安装的较多烟气探测器的有规律的顺序报警，指出热烟气的流动是比较有规律的，即先形成顶棚射流，烟气在顶棚向水平方向蔓延，随着蔓延距离的加大，烟气层温度降低，开始下降，较远处的烟气层最先降低到探测器位置。

2008 年，有研究者对某大楼底层中庭进行了热烟测试，指出火灾发生后 15min 内烟气层高度控制在 25m 以上，高于预期 11m 的目标，并指出热烟测试能较有效地测试建筑的烟气控制系统。

2008—2011 年，有研究者对地铁隧道、建筑中庭等进行了多次火灾防排烟全尺寸实验，在实验中收集了烟气层温度测量结果，采用 NFPA 92B 中的 N 百分比法判定烟气层高度，与计算机火灾模拟软件得到的结果相互验证。

从以上可以看出，研究人员对建筑内的烟气流动、热烟测试实验、防排烟系统性能等已有了一些研究，但还存在以下不足：

（1）尚无研究者专门针对建筑消防系统排烟能力的验证方法进行系统研究。

（2）尚无研究者对热烟测试中人工热烟羽流的特性进行具体实验分析。

（3）很少有研究者系统地研究并设计用于验证建筑消防排烟能力的热烟测试系统，以确定具体参量及测试流程。

（4）计算机数值模拟应用较多，但难以反映建筑物建造、设备安装等方面存在的隐患，无法发现建筑消防卷帘和管道的烟气泄漏问题。

（5）受场地等条件限制，针对较大型建筑同时进行热烟测试和计算机数值模拟相互验证的案例仍然相对较少，所得结果缺乏较高的可信度。

1.3　本书主要研究内容

本书拟就建筑消防系统的排烟能力进行实验检验和数值模拟研究，主要研究内容如下：

（1）热烟测试系统研究。根据 NFPA 92B、AS 4391，综合国内外的研究成果，设计检验建筑消防系统排烟能力的热烟测试系统，得到检验建筑消防系统排烟能力的热烟测试的测试流程。

（2）热烟特性的实验研究。使用粒子成像速度场仪对热烟羽流的速度场进行测量研究，并在实验室环境进行热烟流动特性研究，与烟气羽流的数学计算结果进行对比分析，并根据分形思想对烟气图像进行初步的纹理分析。

（3）建筑大空间排烟系统特性的热烟实验。根据本书提出的热烟测试方法，对建筑大空间进行热烟实验，检验建筑消防系统的排烟能力，检验建筑防火卷帘的气密性。

（4）数值模拟方法研究。根据数学方法对火灾过程进行数值模拟，编制数值模拟软件 FDS 的可视化辅助程序，编制数值模拟建模中经常用到的几何构件库，建立用于数值模拟的并行计算机组，对数值模拟进行并行计算的效率分析。

（5）建筑排烟系统特性的数值模拟研究。对不同的实际建筑进行排烟能力的数值模拟，通过与热烟实验结果对比，验证数值模拟与热烟实验的近似程度，检验消防系统的防排烟特性，评估建筑的消防疏散安全性，得到建筑消防系统排烟能力的改进思路和方法。

（6）对不同建筑进行火灾过程的计算机模拟，计算火灾过程中的各个参数，得到最佳设计参数，为消防系统的设计提供参考。

第 2 章 热烟测试方法研究

2.1 热烟测试系统设计

热烟测试的原理是根据设定的火灾功率，利用发烟机产生相应质量的热烟，在燃烧池的加热下上浮形成羽流，模拟真实火灾中烟气的发生、发展过程。本书在参考国内外研究成果的基础上，建立了用于检验建筑消防系统排烟能力的热烟测试系统，包括火源子系统、发烟子系统、测量子系统和辅助子系统[40, 66]。

热烟测试系统如图 2.1 所示。

图 2.1 热烟测试系统

2.1.1 火源子系统设计

火源子系统由燃烧池、冷却池、阻燃垫、点火器、灭火器、燃料等组成。

燃烧池由钢板制成，钢板厚度为 1.6mm；铁制把手焊接在燃烧池的外壁，把手直径为 10mm；底部的支撑架固定焊接于燃烧池底部，以避免燃烧池底面与冷却池上表面接触而产生意外。燃烧池外观如图 2.2 所示。

燃烧池规格如表 2.1 所示，过大的火源会产生安全问题，燃烧池型号应根据测试空间的大小做适当的选择。

图 2.2　燃烧池外观

表 2.1　燃烧池规格

型 号	手柄宽度/mm	手柄高度/mm	底部支撑/ (mm×mm×mm)	内部高度/mm	内部长度/mm	内部宽度/mm	底面积/m²
A1	150	100	50×50×6	130	841	595	0.500
A2	120	80	40×40×5	90	594	420	0.250
A3	90	60	40×40×5	65	420	297	0.125
A4	60	40	30×30×3	45	297	210	0.062
A5	30	20	20×20×3	35	210	149	0.031

　　为使火源功率保持稳定，防止燃烧池受热变形，使用冷却池对燃烧池进行水浴。冷却池由钢板制成，钢板厚度为 1.6mm；铁制把手焊接于冷却池内壁，以使不同冷却池可紧密地邻接。冷却池外观如图 2.3 所示。

图 2.3　冷却池外观

冷却池设计规格如表 2.2 所示。

表2.2 冷却池设计规格

型 号	手柄宽度/mm	手柄高度/mm	内部高度/mm	内部长度/mm	内部宽度/mm
B1	150	100	180	990	700
B2	120	80	130	700	495
B3	90	60	105	495	350
B4	60	40	75	350	250
B5	30	20	55	250	175

冷却池内部的水面应尽可能地接近冷却池的上缘，但由冷却池的顶部测量其深度不大于 10mm，不可使空燃烧池在冷却池中浮起。冷却池内部的水温与热烟测试时的环境温度接近，一般为 15℃～30℃。

热烟测试燃料使用工业用无水酒精。酒精是一种清洁和廉价的燃料，燃烧完全，燃烧过程产生的燃烧产物很少，燃烧温度可达 850℃～900℃，所需最少燃料量可按照 3min 发展、10min 稳定、3min 衰退来计算，一次使用的燃料量应保证能够稳定燃烧 10min。不同型号燃烧池的设计燃料量如表 2.3 所示。

表2.3 不同型号燃烧池的设计燃料量

燃烧池规格	燃料量/L	热释放速率/(kW/m²)	总产热量/kW
4*A1	16.0*4	751	1500
2*A1	15.0*2	696	700
A1	13.0	678	340
A2	5.5	566	140
A3	2.5	471	60
A4	1.0	412	26
A5	0.4	379	11

使用酒精作为燃料时，不同型号燃烧池对应的热释放速率拟合曲线及三次多项式如图 2.4 所示。

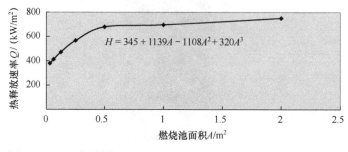

图 2.4 不同型号燃烧池对应的热释放速率拟合曲线及三次多项式

进行热烟测试时，在发烟机及火源的下方放置阻燃垫，阻燃垫具有较高的高温断热性及耐热性，最高使用温度不低于 1000℃。阻燃垫放在火源点处的地面上，冷却池放在阻燃垫的上方，空燃烧池放在冷却池的中心位置，使用时先在冷却池中加入水，再在燃烧池中加入燃料。进行热烟测试时，燃烧池被放在注满水的冷却池中，使用冷却池后，开始第二次测试时，需要排出第一次测试后剩下的热水，待冷却池冷却至室温后再注入新水。不可将燃料倒入热燃烧池或位于热冷却池中的空燃烧池，以防止爆炸。

设计热烟测试中的火源大小时，要考虑天花板及其他设施所能承受的最高安全温度，做好保护措施，以避免造成对测试空间的环境损坏，要使用防火毯保护火源上方的天花板、隧道区的机电设备、电缆及其他易损坏装置。

热烟测试所用的燃料——酒精，长时间放在空燃烧池中会汽化和蒸发，有可能发生爆炸。因此，设计要求在热烟测试开始前的 3min 内，将酒精注入冷却的燃烧池中。

设计要求由穿戴完整防护装备的测试人员使用长竿式电子点火器点燃燃烧池，以避免发生危险。

2.1.2　发烟子系统设计

发烟子系统由发烟机、气瓶、导烟管、喷嘴等组成。

发烟位置设计在测试空间的中央，若在不规则的建筑内部进行测试，则发烟位置应在面积中央。热烟流动的路径应不受建筑内部组件或任何障碍物影响，以避免造成热烟自然移动的路径出现变动。热烟测试的空间一般不小于 $250m^3$。

热烟测试需要的示踪烟气由发烟机产生，烟气的 pH 值接近中性，呈白色，且残留物较少。发烟机能发出大量的示踪烟气，对无自动出烟装置的发烟机，随机配备高压氮气瓶，用氮气瓶的压力作用驱动烟气。对于设计排烟能力较大的建筑，要同时使用多台发烟机产生示踪烟气。

相邻布置发烟机与燃烧池，直接喷射示踪烟气到热烟羽流中，发烟机喷射的烟气持续地以一个稳定的速率被喷射到火源上方的热烟羽流中，测试人员可以比较准确地观察热烟羽流的动作与现象。

针对两种发烟机做了测试和选型，发烟机参数对比表如表 2.4 所示，最终选取 Vi Count PS33 发烟机。

发烟子系统中的导烟管要足够长，以免发烟机因离燃烧池太近而影响安全，喷嘴的长度直径比要大于 5，以保证烟气喷出时竖直向上。发烟子系统如图 2.5 所示。

表 2.4　发烟机参数对比表

项　目	Super Vac S-595-London-Fogger	PEA SOUP Vi Count PS33
额定电压	220V AC	110V AC
功率	1.4kW	2.2kW
预热时间	10min	5min
烟气颜色	白色	白色
烟气粒子直径	1～3μm	0.2～0.3μm
烟气湿度	大	小
发烟油消耗率	大	小
出烟方式	自动	另外配备气瓶
发烟速率调节方式	通过旋钮调节	通过气瓶压力调节
环保	较易附着于墙壁	不易附着于墙壁
使用成本	高	低

图 2.5　发烟子系统

在火灾过程中，烟气的质量流量由可燃物的质量损失速率、燃烧所需的空气量及上升过程中卷吸的空气量三部分组成。在火灾规模一定的条件下，可燃物的质量损失速率、燃烧所需的空气量是一定的，因此在一定高度上烟气的质量流率主要取决于羽流对周围空气的卷吸能力。

轴对称烟羽流的烟气质量流率可用如下公式[40]计算：

$$\begin{cases} m = 0.071Q_c^{1/3}z^{5/3} + 0.0018Q_c, & z > z_1 \\ m = 0.032Q_c^{3/5}z, & z \leqslant z_1 \end{cases} \tag{2.1}$$

式中，m 表示烟气质量流率，单位为 kg/s；Q 表示火源的热释放速率，单位为 kW/m^2；$Q_c = 0.7Q$，表示火源的热流释放速率，单位为 kW；z 表示烟气层在火源面上方的高度，单位为 m；z_1 表示火焰的极限高度，单位为 m。

因为式（2.1）中 0.0018Q_c 项的值很小，若忽略该项，则可得

$$\begin{cases} m = 0.071Q_c^{1/3}z^{5/3}, & z > z_1 \\ m = 0.032Q_c^{3/5}z, & z \leqslant z_1 \end{cases} \quad (2.2)$$

式中，m 表示烟气质量流率，单位为 kg/s；Q 表示火源的热释放速率，单位为 kW/m²；$Q_c = 0.7Q$，表示火源的热流释放速率，单位为 kW；z 表示烟气层在火源面上方的高度，单位为 m；z_1 表示火焰的极限高度，单位为 m。

火焰的极限高度的计算公式为[40]

$$z_1 = 0.166Q_c^{2/5} \quad (2.3)$$

式中，z_1 表示火焰的极限高度，单位为 m；$Q_c = 0.7Q$，表示火源的热流释放速率，单位为 kW。

2.1.3 测量子系统设计

火灾发生后，烟气在浮力作用下上升形成烟羽流，烟羽流撞击到房间的顶棚后形成沿顶棚下表面蔓延的顶棚射流。随着火灾的发展，烟气不断增多，整个空间就有了分层现象，分为上层热烟气层和下层冷空气层。热烟气层与冷空气层之间没有明显的分界面，而是存在一个过渡区，冷空气层也不能保持原来的状态。区域中各物理参数在竖直方向的变化是连续的，而且大多情况下不会发生突变。

烟气具有遮光性，烟气蔓延到的地方，能见度会下降，当烟气层达到某个高度时，会遮蔽此高度上的指示灯，指示灯的亮度明显减弱。目测法是指观测员根据烟气对指示灯的遮蔽来判断烟气层下降到的高度，这个高度既可由人眼现场观测得到，又可借助摄像机全程拍摄热烟测试过程的视频，在后期观测得到。

热烟测试中使用指示灯来辅助观测烟气层的变化，对于大空间，指示灯数量较多，为方便观测，应使用不同颜色的指示灯。不同颜色的指示灯如图 2.6 所示。

图 2.6　不同颜色的指示灯

火灾中随着烟羽流的上升，整个烟气填充空间的温度都会发生变化，且温度分布不均匀，存在温度梯度，靠近顶棚处的温升更明显，因此可以根据垂直温度分布来确定烟气层界面的高度。热电偶是基于热电效应的温度传感器，实验时热电偶布置在远离火源的位置，以消除火源辐射对热电偶测得的温度的影响。此外，在使用热电偶测温时，要考虑冷端的环境温度，为保证测量的准确性，要将冷端通过补偿导线连接到环境温度稳定的地方。

实际中烟气温度的分布是连续的，根据连续变化的温度分布确定烟气层界面的位置时，主要有三种判定法则：

（1）温度持续上升法。如果从某时刻起，某点的温度开始持续上升，那么便认为烟气层界面在该时刻到达该点。

（2）临界温度法。如果某点的温度相对于其初始温度的温升超过某一给定的临界值，那么便认为该点已处于烟气层中。

（3）N 百分比法。如果某点的温度相对于室内初始温度的温升超过该点所在竖直方向上最大温升的一定百分比，那么便认为该点已处于烟气层中。

美国标准 NFPA 92B 也提出利用温度的垂直分布来判断烟气层界面，采用的是由 Cooper 等人提出的 N 百分比法，推荐 N 的取值范围为 80～90（即系数 C_n 为 0.8～0.9），可按下式计算[40]：

$$T_n = C_n(T_{max} - T_b) + T_b \qquad (2.4)$$

式中，T_n 表示烟气层界面处的温度，单位为℃；C_n 表示常数；T_{max} 表示上部烟气层的最高温度，单位为℃；T_b 表示环境温度，单位为℃。

烟气层界面高度的计算过程如下：

（1）利用式（2.4）计算出每一时刻烟气层界面处的温度 T_n。

（2）查找同一时刻热电偶测得的温度值中与 T_n 最接近的两个值 T_1 和 T_2，其中 $T_1 \leqslant T_n \leqslant T_2$。

（3）查找 T_1、T_2 对应热电偶的高度 H_1 和 H_2，利用插值法计算出 T_n 对应的高度 H_n，H_n 即此刻烟气层界面的高度，线性插值公式为

$$H_n = \frac{T_n - T_1}{T_2 - T_1} \cdot (H_2 - H_1) + H_1 \qquad (2.5)$$

测量温度时，使用直径为 0.6mm 的 K 形热电偶，其精度在±1℃以内；温度数据采集使用数字采集仪，其具有随时间变化自动记录温度的功能。热电偶和数字采集仪如图 2.7 所示。

对于温度较高的区域，使用红外热像仪进行拍摄研究。

(a) 热电偶   (b) 数字采集仪

图 2.7　热电偶和数字采集仪

在风速对热烟测试影响较小的环境进行测试时，使用手持式风速仪。在隧道和车站内进行热烟测试时，由于每个测试环境需要同时测量多个点的风速，因此采用多点风速仪。多点风速仪一般由热线风速仪、风速接收模块、A/D 转换模块、连接线缆、主机、驱动软件组成，其中热线风速仪使用无指向型探头。

2.1.4　辅助子系统设计

辅助子系统由电源、通信、安保、环保等部分组成。

因所用发烟机的额定电压为 110V，而稳压电源同时具有 110V AC 和 220V AC 的电压输出，所以发烟子系统与测量子系统分开供电。

实际现场经常是大空间建筑，进行热烟测试时，会使用扩音器、对讲机等通信工具，以保证沟通顺畅。

热烟测试时，需要对测试人员与测试环境采取必要的保护措施，所有参与人员要穿戴适当的防护衣及护目镜，以防止伤害的发生。热烟测试场所排放烟尘时，可能会造成人员呼吸困难，因此要使用氧气面罩保护人员的人身安全，进而延长人员在烟尘中的安全工作时间。

由于热烟测试中使用的燃料具有爆炸性，且发烟机是有可能发生危险的爆炸性装置，因此需将它们保存在不受测试火源影响的安全区域。热烟测试中需要注意对室内装修的防护，要采取适当的保护措施，但应以不影响测试结果为原则。在热烟测试过程中，在火源正上方的天花板附近装设测温装置，并在测试期间持续监测与记录温度变化，以便监测天花板是否能够有效地散热。

热烟测试完成后，将建筑内部的烟排放干净，空气清洁所需的时间视室内较脏空气排放出建筑的效率而定，排烟系统要全载操作以进行空气清洁。

2.2　热烟测试的流程设计

热烟测试流程如图 2.8 所示。

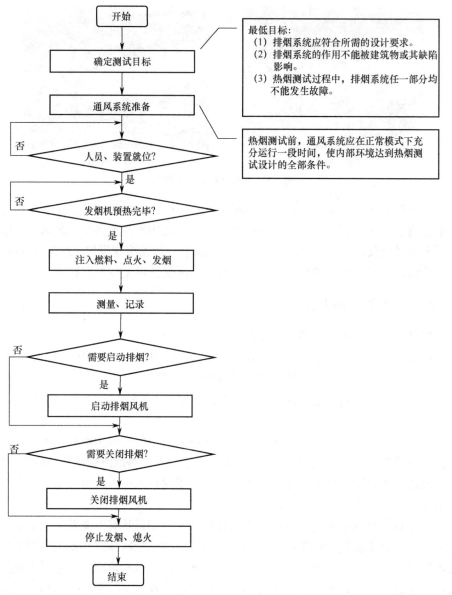

图 2.8　热烟测试流程

2.3　本章小结

　　本章在对比 NFPA 92B、AS 4391 等国外相关规范及分析国内外研究成果的基础上，提出了用于检验建筑消防系统排烟能力的人工热烟测试方法，设计了由火源、发烟、测量、辅助四个子系统组成的热烟测试系统，提出了热烟测试的具体流程。

第 3 章　热烟羽流特性的实验研究

3.1　热烟羽流

火灾发生在不同的位置时，会形成不同形状的热烟羽流，NFPA 92B 将热烟羽流分成三类，分别是轴对称热烟羽流、阳台热烟羽流和窗热烟羽流，如图 3.1 所示[40]。

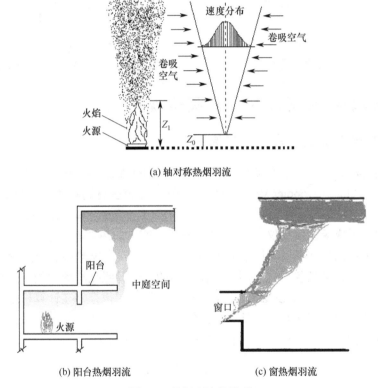

(a) 轴对称热烟羽流

(b) 阳台热烟羽流　　　　　　　　　(c) 窗热烟羽流

图 3.1　热烟羽流的类型

轴对称热烟羽流是火灾发生在中庭的地面且远离周围的边界面时形成的热烟羽流，烟气在上升过程中，既不接触墙壁和其他障碍物，又不被气流打断或吹歪。阳台热烟羽流是火灾发生在与中庭相通的附近空间时，从门口流出后沿着阳台底部，越过阳台边缘后向上流动的热烟羽流。窗热烟羽流是在通风限制型火灾中，从房间的开孔处或窗口向中庭流出的热烟羽流。

本书主要研究轴对称热烟羽流，热烟羽流的计算基于图 3.2 所示的烟气层划分假设，其中烟气前沿的高度低于烟气层界面的高度。轴对称热烟羽流的各个参数如图 3.3 所示。

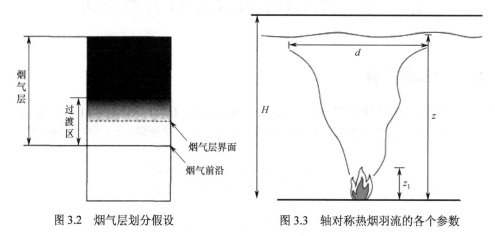

图 3.2　烟气层划分假设　　　　　　图 3.3　轴对称热烟羽流的各个参数

3.2　热烟羽流特性的 PIV 实验观测

3.2.1　粒子成像速度场仪测量原理

常用的流速测量仪器有热线风速仪（Hot Wire Anemometer，HWA）、激光多普勒测速仪（Laser Doppler Velocimeter，LDV）、相位多普勒测速仪（Phase Doppler Anemometry，PDA）和粒子成像速度场仪（Particle Image Velocimeter，PIV）等。本书选用粒子成像速度场仪[131]，主要对发烟机产生的热烟流场速度进行测量，通过与真实火灾的热烟羽流对比，验证热烟羽流与真实火灾热烟羽流的近似性。

粒子成像速度场仪首先采用激光器转换的片光源照亮流场中的示踪粒子，然后用可由计算机控制的 CCD/CMOS 照相机拍摄，图像存储在计算机中，由软件对两幅照片中的粒子做互相关计算，最终得到对流体速度的测量结果。PIV 测量原理示意图如图 3.4 所示，PIV 测量速度场示意图如图 3.5 所示[132~133]。

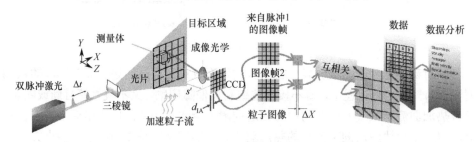

图 3.4　PIV 测量原理示意图

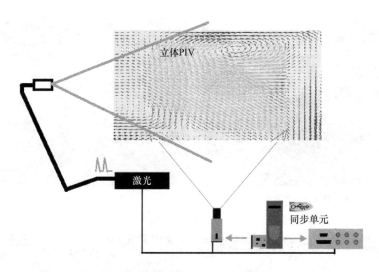

图 3.5 PIV 测量速度场示意图

示踪粒子在二维平面上的位移是时间 t 的函数，x 方向的位移为 $x(t)$，y 方向的位移为 $y(t)$，示踪粒子在二维平面上的速度可以近似地用平均速度表示为[132~133]

$$\begin{cases} v_x = \dfrac{\mathrm{d}\,x(t)}{\mathrm{d}t} \approx \dfrac{x(t+\Delta t) - x(t)}{\Delta t} = \overline{v_x} \\[3mm] v_y = \dfrac{\mathrm{d}\,y(t)}{\mathrm{d}t} \approx \dfrac{y(t+\Delta t) - y(t)}{\Delta t} = \overline{v_y} \end{cases} \tag{3.1}$$

式中，v_x 表示 x 方向的速度分量，单位为 m/s；v_y 表示 y 方向的速度分量，单位为 m/s；t 表示时间，单位为 s。

当时间间隔 Δt 足够小时，平均速度可以比较精确地反映瞬时速度，PIV 就是通过测量示踪粒子在极短时间间隔内的平均速度实现对瞬时速度的间接测量的。

本书的研究对象为轴对称热烟羽流，在二维平面上即可基本反映其主要特征。选用的 PIV 设备为丹麦的 DANTEC Dyanmics，相机型号为 SpeedSense 9023。Δt 的含义是 PIV 每次双曝光时两个脉冲的时间间隔，拍照时每对照片之间的时间间隔决定于流体速度，流体的速度越快，Δt 的取值越小，即两帧之间的时间间隔越小，本书取值 1200μs。另一个较重要的参数是两次双曝光之间的时间间隔，曝光频率越大，可以得到的流场数据越多，速度场变化越精细，本书取值 30Hz，即每秒双曝光 30 次，得到 30 对照片。PIV 实验场景如图 3.6 所示[134~139]。

实验时 x 方向取 101 个像素点，表示为[0, 100]，y 方向取 74 个像素点，表示为[0, 73]，全场划分为 101×74 = 7474 个像素点。

相机某次双曝光拍摄的一对照片如图 3.7 所示，在这对照片中，两幅照片之间拍摄的时间间隔为 1200μs。

(a) 非工作状态的激光设备 (b) 工作状态的激光设备

图 3.6　PIV 实验场景

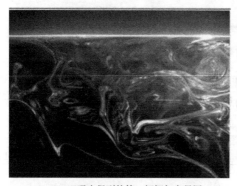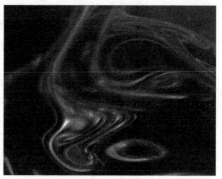

(a) 双曝光得到的第一幅烟气全景图 (b) 图(a)的局部放大图

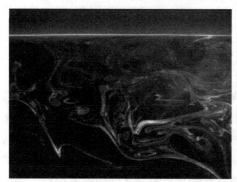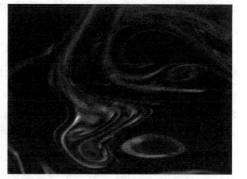

(c) 双曝光得到的第二幅烟气全景图 (d) 图(c)的局部放大图

图 3.7　相机某次双曝光拍摄的一对照片

计算得到的某点的速度如表 3.1 所示。

表 3.1　计算得到的某点的速度

x 坐标（10^{-3}m）	y 坐标（10^{-3}m）	x 方向的速度分量 U/(m/s)	y 方向速度分量 V/(m/s)	速率 L/(m/s)
157.4019375	160.3735375	−0.122277156	−0.003717108	0.122333641

对全场的像素点进行计算后，得到了全场的速度数据。PIV 计算得到的速度场及局部放大图如图 3.8 所示。速度场中的空白部分表示无矢量，可能的原因有两个：一是该处没有烟气，相机拍摄时未拍摄到示踪粒子；二是该处烟气的浓度过大，造成较强烈的反光，相机拍摄时未拍摄到示踪粒子。

(a) 速度场全景矢量图　　　　　　　(b)图(a)的局部放大图

图 3.8　PIV 计算得到的速度场及局部放大图

3.2.2　热烟羽流速度场实验观测

PIV 拍摄的区域较小，较难拍摄到热烟羽流的全貌，因此将热烟羽流分为左侧部分、右侧部分、中间部分三部分进行研究。

1. 热烟羽流左侧部分的速度场

实验的取景区域如下：x 方向 300.0387375mm，共 101 个像素点，表示为[0, 100]；y 方向 219.8055375mm，共 74 个像素点，表示为[0, 73]。全场划分为 101×74 = 7474 个像素点。

PIV 专用相机每秒拍摄 30 对照片，每对照片之间的时间间隔为 1200μs。PIV 双曝光拍摄的部分烟气全景图如图 3.9 所示。

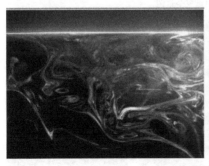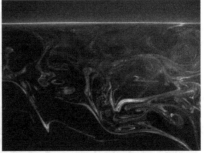

(a) 第 0 对烟气全景图

图 3.9　PIV 双曝光拍摄的部分烟气全景图

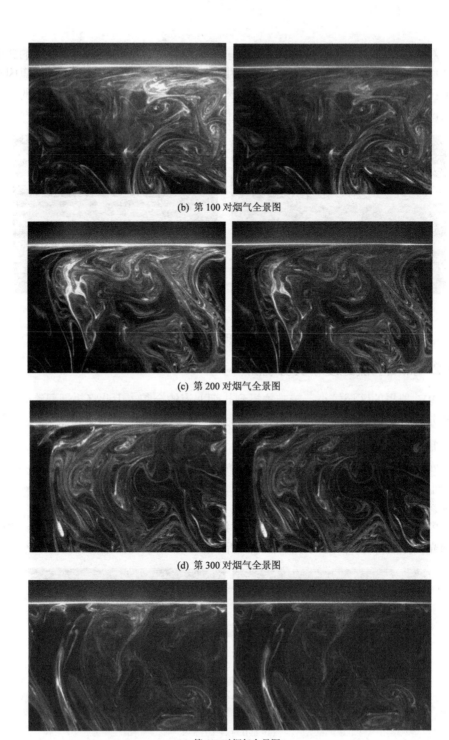

(b) 第100对烟气全景图

(c) 第200对烟气全景图

(d) 第300对烟气全景图

(e) 第400对烟气全景图

图 3.9　PIV 双曝光拍摄的部分烟气全景图（续）

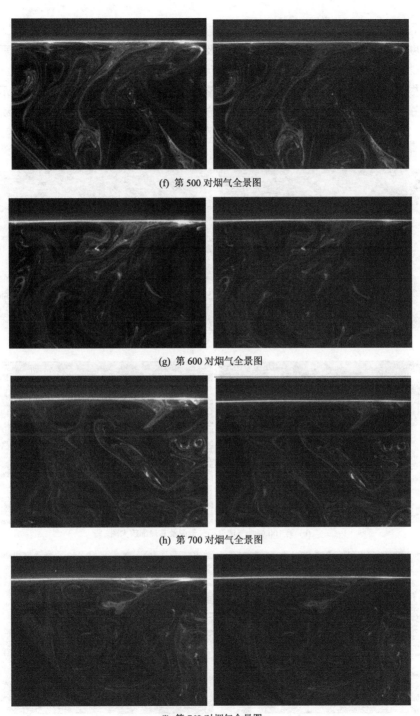

(f) 第 500 对烟气全景图

(g) 第 600 对烟气全景图

(h) 第 700 对烟气全景图

(i) 第 769 对烟气全景图

图 3.9　PIV 双曝光拍摄的部分烟气全景图（续）

利用图像处理算法分别对每对照片进行计算，可以得到每个像素点在 x 方向的速度分量 U、在 y 方向的速度分量 V 及速率 L。$t = 1/30\mathrm{s}$ 时，x 方向的像素点为 [48, 52]，y 方向的像素点为[0, 73]，速度计算结果见附录 A。

根据全部像素点的计算结果得到了整个速度场的矢量图，如图 3.10 所示。由图可知，热烟羽流左侧部分速度矢量的方向基本向左，靠近天花板处的流动比较稳定，接近层流；热烟羽流前沿向下扩散流动；热烟羽流下部与冷空气接触处卷吸空气形成涡流。

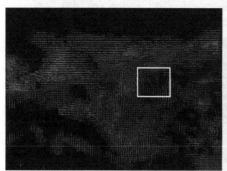

(a) 第 0 幅烟气速度场矢量图及其局部放大图

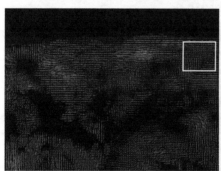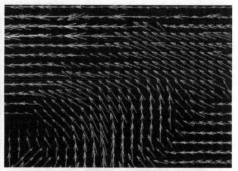

(b) 第 100 幅烟气速度场矢量图及其局部放大图

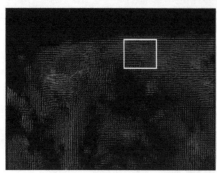

(c) 第 200 幅烟气速度场矢量图及其局部放大图

图 3.10　整个速度场的矢量图

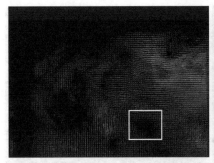 

(d) 第 300 幅烟气速度场矢量图及其局部放大图

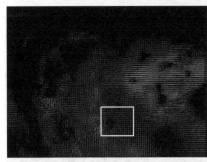 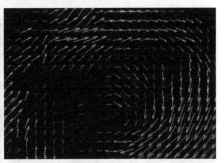

(e) 第 400 幅烟气速度场矢量图及其局部放大图

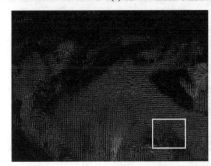 

(f) 第 500 幅烟气速度场矢量图及其局部放大图

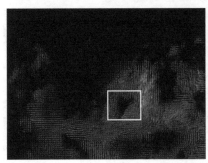 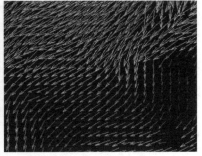

(g) 第 600 幅烟气速度场矢量图及其局部放大图

图 3.10　整个速度场的矢量图（续）

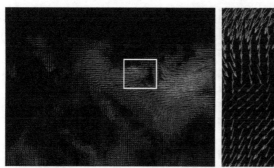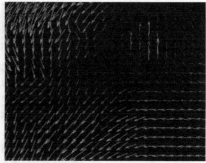

(h) 第 700 幅烟气速度场矢量图及其局部放大图

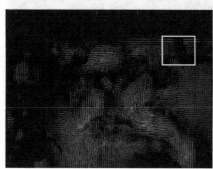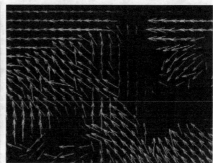

(i) 第 769 幅烟气速度场矢量图及其局部放大图

图 3.10　整个速度场的矢量图（续）

2．热烟羽流右侧部分的速度场

实验的取景区域如下：x 方向 18.57825mm，共 101 个像素点，表示为[0, 100]；y 方向 13.61025mm，共 74 个像素点，表示为[0, 73]。全场划分为 101×74 = 7474 个像素点。

PIV 专用相机每秒拍摄 30 对照片，每对照片之间的时间间隔为 1200μs。PIV 双曝光拍摄的部分烟气全景图如图 3.11 所示。

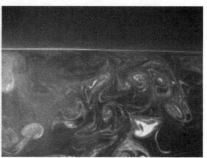

(a) 第 0 对烟气全景图

图 3.11　PIV 双曝光拍摄的部分烟气全景图

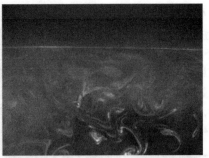

(b) 第 50 对烟气全景图

(c) 第 100 对烟气全景图

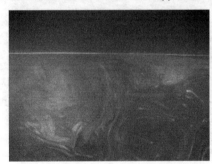

(d) 第 150 对烟气全景图

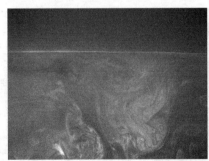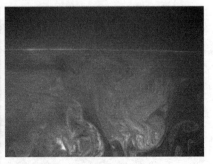

(e) 第 193 对烟气全景图

图 3.11　PIV 双曝光拍摄的部分烟气全景图（续）

利用图像处理算法分别对每对照片进行计算，可以得到每个像素点在 x 方向的速度分量 U、在 y 方向的速度分量 V 及速率 L。$t = 1/30\text{s}$ 时，x 方向的像素点为 $[48, 52]$，y 方向的像素点为 $[0, 73]$，速度计算结果见附录 B。

根据全部像素点的计算结果得到了整个速度场的矢量图，如图 3.12 所示。由图可知，热烟羽流右侧部分速度矢量的方向基本向右，靠近天花板处的流动比较稳定，接近层流；热烟羽流前沿向下扩散流动；热烟羽流下部与冷空气接触处卷吸空气形成涡流。

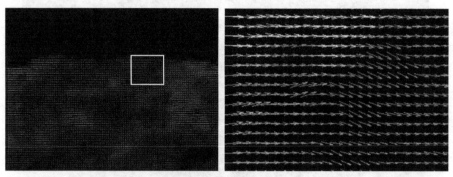

(a) 第 0 幅烟气速度场矢量图及其局部放大图

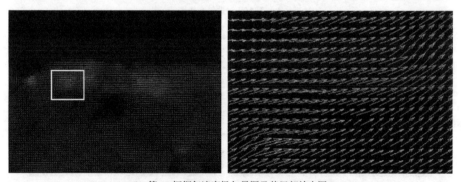

(b) 第 50 幅烟气速度场矢量图及其局部放大图

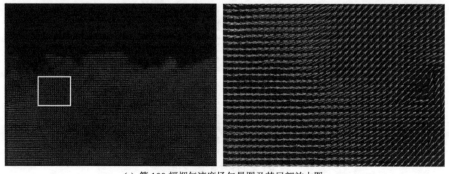

(c) 第 100 幅烟气速度场矢量图及其局部放大图

图 3.12　整个速度场的矢量图

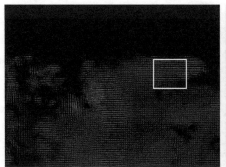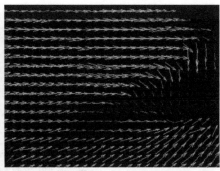

(d) 第 150 幅烟气速度场矢量图及其局部放大图

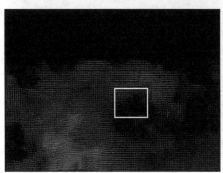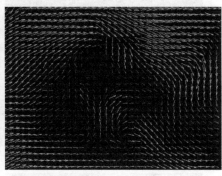

(e) 第 193 幅烟气速度场矢量图及其局部放大图

图 3.12　整个速度场的矢量图（续）

3．热烟羽流中间部分的速度场

实验的取景区域如下：x 方向 300.0387375mm，共 101 个像素点，表示为[0, 100]；y 方向 219.8055375mm，共 74 个像素点，表示为[0, 73]。全场划分为 101×74 = 7474 个像素点。

PIV 专用相机每秒拍摄 30 对照片，每对照片之间的时间间隔为 1200μs。PIV 双曝光拍摄的部分烟气全景图如图 3.13 所示。

(a) 第 0 对烟气全景图

图 3.13　PIV 双曝光拍摄的部分烟气全景图

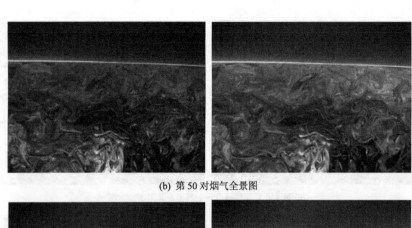

(b) 第 50 对烟气全景图

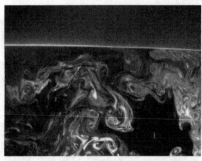

(c) 第 100 对烟气全景图

(d) 第 150 对烟气全景图

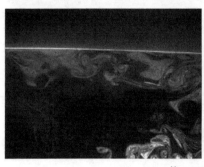

(e) 第 200 对烟气全景图

图 3.13　PIV 双曝光拍摄的部分烟气全景图（续）

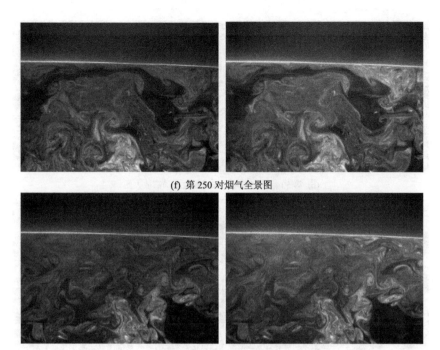

(f) 第 250 对烟气全景图

(g) 第 270 对烟气全景图

图 3.13 PIV 双曝光拍摄的部分烟气全景图（续）

利用图像处理算法分别对每组的两幅照片进行计算，可以得到每个像素点在 x 方向的速度分量 U、在 y 方向的速度分量 V 及速率 L。$t = 1/30s$ 时，x 方向的像素点为 [48, 52]，y 方向的像素点为 [0, 73]，速度计算结果见附录 C。

根据全部像素点的计算结果得到了整个速度场的矢量图，如图 3.14 所示。由图可知，热烟羽流中间部分速度矢量的方向基本向上，上升过程中热烟羽流中心线区域的速率较大；热烟羽流遇到天花板后速度矢量的方向变为水平，向两侧流动，水平流动区接近天花板位置的速率较大；热烟羽流速度矢量方向由向上变为水平的区域产生了比较明显的涡流。

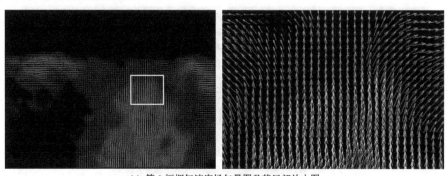

(a) 第 0 幅烟气速度场矢量图及其局部放大图

图 3.14 整个速度场的矢量图

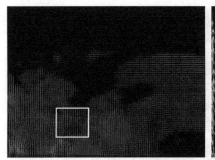

(b) 第 50 幅烟气速度场矢量图及其局部放大图

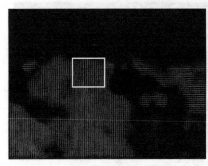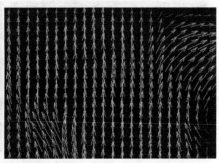

(c) 第 100 幅烟气速度场矢量图及其局部放大图

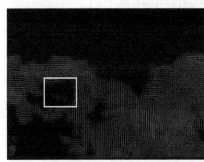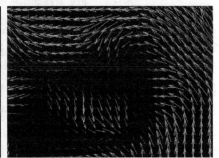

(d) 第 150 幅烟气速度场矢量图及其局部放大图

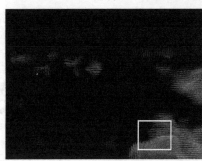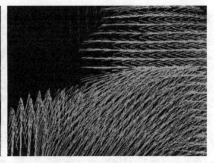

(e) 第 200 幅烟气速度场矢量图及其局部放大图

图 3.14　整个速度场的矢量图（续）

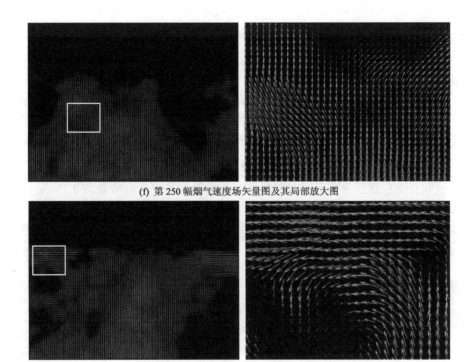

(f) 第 250 幅烟气速度场矢量图及其局部放大图

(g) 第 270 幅烟气速度场矢量图及其局部放大图

图 3.14　整个速度场的矢量图（续）

通过使用 PIV 对热烟羽流进行微观分析，发现热烟羽流的速度场与真实火灾热烟羽流的速度场较为接近，因此使用热烟羽流测试方法检验建筑消防系统的排烟能力是可行的。

3.2.3　热烟羽流分形维数计算与分形特性

通过 PIV 实验观察，发现在热烟羽流的运动过程中，热烟羽流会保持一定的不规则形态，其中产生的漩涡在运动过程中也会不断移动、旋转并发生形态变化，但有一定的稳定性。热烟羽流的这种不规则性和稳定移动性使得我们很难用传统方法来准确描述。

分形是现代数学的一个分支，与动力系统的混沌理论相辅相成，核心思想是认为物体的局部在一定条件下会表现出与整体的相似性。在欧几里得（欧氏）几何中，曲线是一维的，曲面是二维的，一般物体是三维的。然而，对于海岸线等复杂几何的分形则无法用 1、2、3 这样的离散维数值描述，分形认为空间维数的变化既可以是离散的，又可以是连续的。

大自然中的许多事物都具有一定程度的自相似性，B. B. Mandelbrot 通过仔细观察形状复杂的不规则几何体，于 1975 年首先提出了分形几何的概念。分形维数（fractal dimension, fd）是描述分形的最主要的参数。分形维数的计算公式为

$$\mathrm{fd} = \lim_{\varepsilon \to 0} \left[\lg N(\varepsilon) / \lg(1/\varepsilon) \right] \tag{3.2}$$

式中，ε 表示小立方体的一条边的长度；$N(\varepsilon)$表示用此小立方体覆盖被测形体得到的数量。

式（3.2）的计算结果是用边长为 ε 的小立方体覆盖被测形体得到的形体的维数。分形维数反映了复杂形体占据空间的有效性，是复杂形体不规则性的度量。本文采用小岛法和 IMAGER 4.4 软件计算热烟羽流的分形维数。

1．热烟羽流左侧部分分形维数的计算结果

热烟羽流左侧部分在不同时刻的局部截取图像及分形维数如图 3.15 所示，图中 fd 为分形维数。

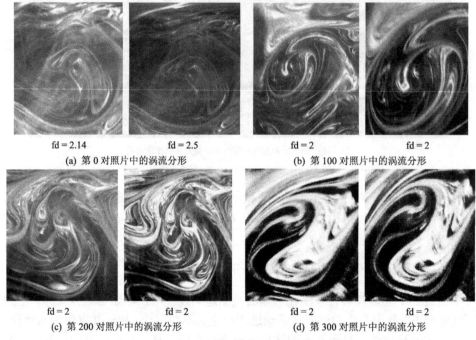

| fd = 2.14 | fd = 2.5 | fd = 2 | fd = 2 |

(a) 第 0 对照片中的涡流分形　　　　　　　(b) 第 100 对照片中的涡流分形

| fd = 2 | fd = 2 | fd = 2 | fd = 2 |

(c) 第 200 对照片中的涡流分形　　　　　　(d) 第 300 对照片中的涡流分形

图 3.15　热烟羽流左侧部分在不同时刻的局部截取图像及分形维数

计算得到的分形维数分布如图 3.16 所示，由图可知分形维数分布在 2 和 3 之间。

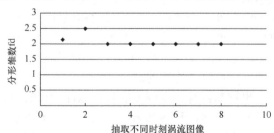

图 3.16　计算得到的分形维数分布（热烟羽流左侧部分）

2. 热烟羽流右侧部分分形维数的计算结果

热烟羽流右侧部分在不同时刻的局部截取图像及分形维数如图 3.17 所示。

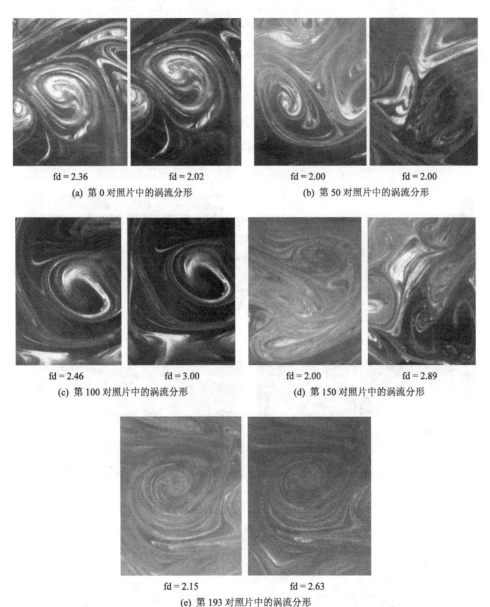

fd = 2.36   fd = 2.02
(a) 第 0 对照片中的涡流分形

fd = 2.00   fd = 2.00
(b) 第 50 对照片中的涡流分形

fd = 2.46   fd = 3.00
(c) 第 100 对照片中的涡流分形

fd = 2.00   fd = 2.89
(d) 第 150 对照片中的涡流分形

fd = 2.15   fd = 2.63
(e) 第 193 对照片中的涡流分形

图 3.17　热烟羽流右侧部分在不同时刻的局部截取图像及分形维数

计算得到的分形维数分布如图 3.18 所示,由图可知分形维数分布在 2 和 3 之间。

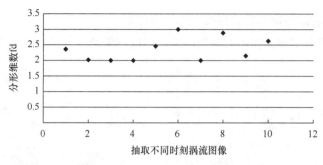

图 3.18　计算得到的分形维数分布（热烟羽流右侧部分）

3．热烟羽流中间部分分形维数的计算结果

热烟羽流中间部分在不同时刻的局部截取图像及分形维数如图 3.19 所示。

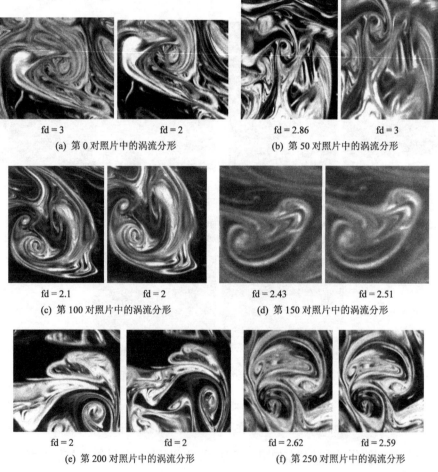

fd = 3　　　　　　fd = 2　　　　　　fd = 2.86　　　　　fd = 3

(a) 第 0 对照片中的涡流分形　　　　　(b) 第 50 对照片中的涡流分形

fd = 2.1　　　　　fd = 2　　　　　　fd = 2.43　　　　　fd = 2.51

(c) 第 100 对照片中的涡流分形　　　　(d) 第 150 对照片中的涡流分形

fd = 2　　　　　　fd = 2　　　　　　fd = 2.62　　　　　fd = 2.59

(e) 第 200 对照片中的涡流分形　　　　(f) 第 250 对照片中的涡流分形

图 3.19　热烟羽流中间部分在不同时刻的局部截取图像及分形维数

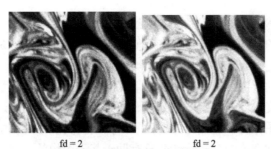

fd = 2   fd = 2

(g) 第 270 对照片中的涡流分形

图 3.19　热烟羽流中间部分在不同时刻的局部截取图像及分形维数（续）

计算得到的分形维数分布如图 3.20 所示，由图可知分形维数分布在 2 和 3 之间。

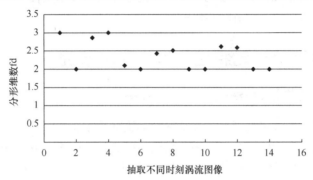

图 3.20　计算得到的分形维数分布（热烟羽流中间部分）

热烟羽流在不同时刻、不同位置的分形维数分布在 2 和 3 之间，如图 3.21 所示。

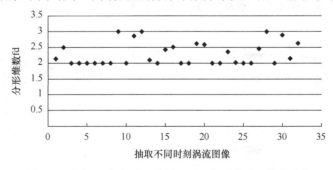

图 3.21　热烟羽流在不同时刻、不同位置的分形维数分布

4．热烟羽流分形特性分析

分析热烟羽流分形维数的计算结果，可以得到如下结论：

（1）根据分形理论，二维空间的分形维数大于 2.0 且小于 3.0。作为分形的重要特征和度量，前面测算的二维热烟羽流的分形维数为 2.0～3.0，表明热烟羽流具有明显的分形特征。

（2）根据自然界中很多差别较大的纹理的分形维数近似的特点，发现前面测算的热烟羽流中的一些不同纹理具有近似相同的分形维数，这是由不同位置热烟羽流纹理的粗糙度、纹理方向和分布不均匀导致的。

（3）在目前的火灾探测技术中，感烟探测器的原理都是测量被监视空间内空气中的烟粒子浓度，随着数字图像处理、模式识别等技术的迅速发展，火灾探测预警方式正在向图像化和智能化方向发展，并用火灾发生过程中烟雾的各种特征来判别，因此热烟羽流的分形特性分析有助于基于图像的可视化火灾探测技术的研究。

（4）分形维数作为热烟羽流的重要分形特征和度量，可以反映热烟羽流整体与局部之间的自相似性、不规则程度、一定程度的尺度不变性和旋转不变性等，但这些特性还需要进一步分析与研究。

3.3 热烟羽流运动特性的室内实验研究

3.3.1 火灾场景设计

本实验环境为火灾烟气模拟实验室，实验室长 21m，宽 13.5m，高 4.3m。横梁距天花板 0.89m，宽 0.44m，两根横梁间的距离为 7m，整个房间被 2 根横梁（效果同挡烟垂壁）分成面积相等的三部分。环境温度为 26℃，无排烟设施。实验场地现场图如图 3.22 所示。

在距离火源 3m 处布置一根测试杆，自测试杆顶部向下每隔 0.5m 设置 1 个指示灯，共设置 6 个指示灯，分为红、绿、白三种颜色，形成一个指示灯串，如图 3.23 所示。

图 3.22　实验场地现场图　　　　　图 3.23　指示灯串

在距离火源 3m 处布置一根测试杆，自测试杆顶部向下每隔 0.5m 设置 1 个

K 形热电偶，形成一个热电偶束，如图 3.24 所示。热电偶的温度数据由数字采集仪获取，并与计算机相连，以自动记录温度的变化，存取频率为 1 次/s。如果从某时刻起，某点的温度开始持续上升，那么认为烟气层界面在该时刻到达该点。

采用 98%的工业无水酒精作为燃料，火源位置设置在房间的几何中心点，本实验中的酒精火可视为稳定火源。火灾场景示意图如图 3.25 所示。

图 3.24　热电偶　　　　　　　　　图 3.25　火灾场景示意图

共设计了三组实验，每组实验由相同条件下的 3 次实验组成，每组实验的燃烧池型号、火源面积、燃料量、热释放速率、总产热量如表 3.2 所示。

根据式（2.1），可以计算得到实验 A5、实验 A4、实验 A3 的烟气质量流率分别为 0.511kg/s、0.695kg/s、0.946kg/s。取烟气密度为 1.2kg/m^3，可以计算得到实验 A5、实验 A4、实验 A3 的烟气体积流率分别为 0.426m^3/s、0.579m^3/s、0.788m^3/s。

表 3.2　每组实验的燃烧池型号、火源面积、燃料量、热释放速率、总产热量

实验编号	燃烧池型号	火源面积/m^2	燃料量/L	热释放速率/(kW/m^2)	总产热量/kW
A5	A5	0.4	0.4	379	11
A4	A4	1.0	1.0	412	26
A3	A3	2.5	2.0	471	60

3.3.2　实验过程

实验过程中，热烟羽流首先到达房间顶部，撞到天花板后横向散开，在两根横梁之间形成热烟气层；充满中间区域后，由横梁向两侧溢出，逐步充满两侧区域；当三个区域的烟气层均下降到横梁高度后，整个房间的烟气层整体逐步下降。热烟测试实验过程如图 3.26 所示。

(a) 发烟机开始发烟

(b) 热烟在中间区域形成烟气层

(c) 中间区域的烟气层下降到横梁时向外溢出

(d) 烟气层逐步下降 1

(e) 烟气层逐步下降 2

(f) 烟气层逐步下降 3

(g) 烟气层逐步下降 4

(h) 烟气层逐步下降 5

图 3.26　热烟测试实验过程

3.3.3 实验分析

实验数据表明，同种规格燃烧池的三次实验规律基本一致。

在三组实验中，A5 燃烧池消耗无水乙醇 0.4L，火源平均燃烧时间为 630s；A4 燃烧池消耗无水乙醇 1L，火源平均燃烧时间为 680s；A3 燃烧池消耗无水乙醇 2L，火源平均燃烧时间为 600s。

目测法得到的 A5、A4、A3 三种燃烧池在火灾场景下的烟气层高度变化如图 3.27 所示，并且可以得到如下结论：

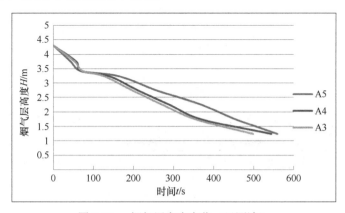

图 3.27　烟气层高度变化（目测法）

（1）在 $t = 60s$ 处，三条曲线均有一个凹陷，这是由实验室中间的横梁导致的。

（2）在三组实验中，对火源热释放速率，有 A3 > A4 > A5，对烟气层高度，有 A3 < A4 < A5，即火源热释放速率越大，烟层下降的速率越快。

热电偶法得到的 A5、A4、A3 三种火灾场景下的温度如图 3.28 所示。

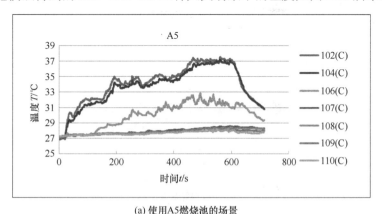

(a) 使用A5燃烧池的场景

图 3.28　热电偶法得到的 A5、A4、A3 三种火灾场景下的温度

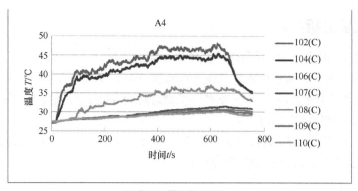

(b) 使用A4燃烧池的场景

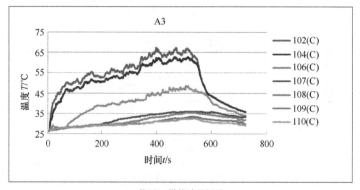

(c) 使用A3燃烧池的场景

图 3.28　热电偶法得到的 A5、A4、A3 三种火灾场景下的温度（续）

根据式（2.4）、式（2.5），可以计算得到 A5、A4、A3 三种火灾场景下的烟气层高度如图 3.29 所示，其中平滑曲线为拟合线。

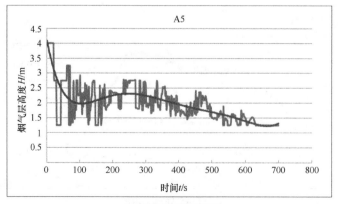

(a) 使用A5燃烧池的场景

图 3.29　A5、A4、A3 三种火灾场景下的烟气层高度（热电偶法）

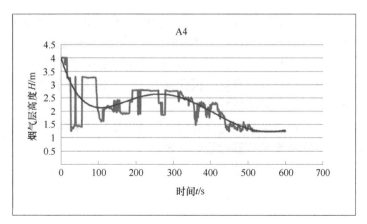

(b) 使用A4燃烧池的场景

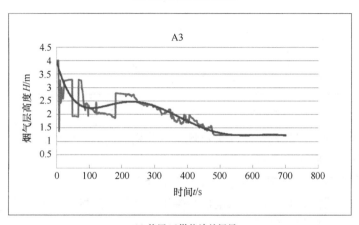

(c) 使用A3燃烧池的场景

图 3.29　A5、A4、A3 三种火灾场景下的烟气层高度（热电偶法）（续）

由图 3.29 可得出如下结论：

（1）在 $t = 100s$ 处，三条曲线均有一个凹陷，这是由实验室横梁（实际效果为挡烟垂壁）导致的。烟气先充满两根横梁之间的区域，中间区域的烟气层下降到横梁高度时，烟气向两侧溢出，填充两侧区域。

（2）在三组实验中，对火源热释放速率，有 A3 > A4 > A5，对烟气层高度，有 A3 < A4 < A5，即火源热释放速率越大，烟层下降的速率越快。

在稳态火烟气自然填充情况下，在任意时刻 t，火源面上方烟气前沿的初始高度 z 可由下式[40]估算：

$$\frac{z}{H} = 1.11 - 0.28 \ln \left[\frac{tQ^{1/3} / H^{4/3}}{A / H^2} \right] \qquad （3.2）$$

式中，$z/H > 1.0$ 表示烟气层还未开始下沉；z 表示火源面上方烟气前沿的高度，单位为 m；H 表示火源面上方天花板的高度，单位为 m；t 表示时间，单位为 s；Q 为稳态火的热释放速率，单位为 kW/s^2；A 表示烟气填充空间的横截面面积，单位为 m^2。

式（3.2）假设 A/H^2 的取值为 0.9～14 并且 $z/H \geq 0.2$。方程中的 z 指的是烟气前沿高度，而不是烟气层界面高度，因此提供了一个较为保守的火灾估计，适用于火源远离墙壁的火灾的最坏情况。

根据式（3.2）计算得到的稳定火的烟气层高度如图 3.30 所示，不同热释放速率下烟气层界面下降曲线呈负幂指数变化规律。

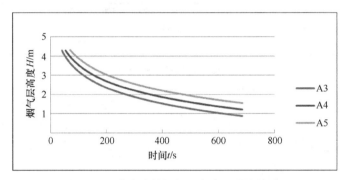

图 3.30　稳定火的烟气层高度（公式法）

A5、A4、A3 三种燃烧池在火灾场景下分别使用热电偶法、目测法、公式法得到的烟气层高度如图 3.31 所示。

分析图 3.31 中的计算结果，可以得到如下结论：

（1）用公式法、目测法、热电偶法得出的烟气层高度随时间变化的曲线基本一致，均呈负幂指数变化规律。

（2）在不同的测量方法中，都存在火源热释放速率越大，烟气层下降速率越快的现象。

（3）目测法和热电偶法测量得到的结果受横梁影响出现凹陷，公式法测量得到的结果受横梁的影响不明显。原因是目测法和热电偶法测量烟气层高度时，得到的是局部烟气层的数据，而公式法得到的是整体烟气层的数据。

（4）在火灾发展前半段（约前 300s），目测法和公式法的拟合结果较好，而热电偶法的拟合结果较差，原因是火灾前期热电偶受到了上升烟流的影响。后半段目测法和热电偶法的拟合结果较好，而公式法测量的烟气层温度始终较高，原因是实际实验中火灾经过了一个生长、稳定和衰退的过程，而公式法测量时仅将火源设定为 t 平方火而无衰退过程。

（5）NFPA 92B 采用的热电偶法可以较为准确地测量并计算得到火灾烟气的运动规律。

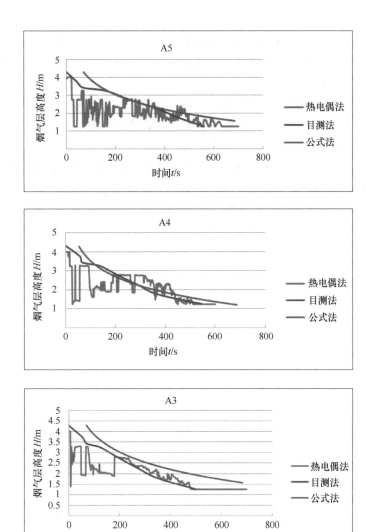

图 3.31　分别使用热电偶法、目测法、公式法得到的烟气层高度（三种方法）

3.4　本章小结

首先，采用粒子成像速度场仪对热烟羽流的速度场进行了实验观测，结果表明：热烟羽流中间部分的速度矢量方向基本向上，上升过程中热烟羽流在中心线区域的流动较为稳定，速率较大，边缘卷吸冷空气形成涡流；热烟羽流遇到天花板后速度矢量方向变为水平并且向两侧流动，水平流动区域接近天花板处的速率较大，流动稳定，接近层流，下部卷吸冷空气形成涡流；热烟羽流速度矢量方向由向上变为水平的区域产生了比较明显的涡流。这与真实火灾烟气的流态特性相似，且热烟羽流的速度场与真实火灾热烟羽流的速度场较为接近，表明使用发烟机产生热烟模拟真实火灾烟气是可行的，并且可以使用热烟测试方法检验建筑消防系统的排烟能力。

然后，基于分形理论对实验得到的烟气图像进行了烟雾纹理分析，结果表明热烟羽流具有较为明显的自组织性，热烟羽流在不同时刻、不同位置的分形维数均在2和3之间。

最后，在实验室环境下进行了热烟测试实验，结果表明：运用公式法、目测法、热电偶法得出的烟气层高度随时间变化的曲线基本一致，并且在不同热释放速率下烟气层界面下降曲线呈负幂指数变化规律。

第 4 章　建筑大空间排烟系统特性的热烟实验

本章根据前文的研究成果，对某报社大楼中庭和某地下商场中庭进行热烟实验，以测试建筑排烟系统的排烟能力，并检验建筑防火卷帘的气密性。

4.1　某报社大楼中庭热烟实验

热烟测试对象为某报社大楼中庭，该中庭连通一、二、三楼，呈半圆形，高10m，中庭顶部设有 1 个 4m×0.3m 的排烟口，额定排烟速率为 8.3m³/s，矩形补风口宽 4m、高 2.5m，室内空气温度为 11℃，空气湿度为 70%。

当二、三楼的防火卷帘放下时，该中庭可视为独立的防火分区。测试现场如图 4.1 所示。

图 4.1　测试现场

4.1.1　火灾场景设计

根据《高层民用建筑设计防火规范》，实验对象为一类高层民用建筑，耐火等级为一级，每个防火分区允许的最大建筑面积为 1000m²，设有自动灭火系统的防火分区允许的最大建筑面积为 2000m²；高层建筑中庭防火分区面积应按上、下层连通的面积叠加计算，每个防烟分区的建筑面积不宜超过 500m²，且防烟分区不应跨越防火分区。中庭三层连通，叠加后的总面积超过 500m²，因此有必要进行热烟测试，以检验消防系统的排烟能力。

本实验根据前文中的热烟测试方法进行。将发烟机置于中庭的中心位置，将发烟油倒入发烟机，加热到 370℃，通过高压气瓶（压力为 0.4MPa）将热烟压出。

在热烟出口处，设有内装酒精的燃烧池，通过酒精的燃烧来进一步加热出口处的热烟，使之获得足够的浮力。测试场景和发烟系统如图4.2所示[139, 140]。

图4.2　测试场景和发烟系统

根据式（2.1），Q 取 3MW/s^2，z 取 7m，烟气密度取 1.2kg/m^3，计算得 Q_c 为 2.1MW/s^2，烟气质量流率 m 为 27.18kg/s，烟气体积流率 V 为 22.6m^3/s。

在实验过程中，开始发烟后随即点燃燃烧池，燃烧 1L 酒精，在稍微远离发烟口的正下方，燃烧池边缘到发烟口的水平距离为 20～30cm。

本实验的装置主要有发烟机、高压气瓶、燃烧池、点火器、指示灯、风速测量仪、红外热像仪、摄像机、照相机、对讲机、灭火器等。

本实验采用指示灯来观测烟气层的高度。自顶部向下每隔 0.5m 设置 1 个指示灯形成指示灯束，并由摄影机与观测员人眼根据烟气对灯泡的遮蔽程度判断烟气层的高度。实验指示灯束共有 17 个灯泡，自顶向下依次是 5 个红灯、5 个绿灯、7 个黄灯，如图 4.3 所示。

图4.3　实验指示灯束

4.1.2 测试过程

本次热烟测试的主要步骤如下：

（1）关闭中庭与相邻空间之间的防火卷帘。

（2）发烟机开始发烟，产生热烟羽流。

（3）观测烟气层的高度变化及防火卷帘的气密性。

（4）烟气层界面下降到距离地面 5m 高度时开启排烟风机，观测烟气层的变化。

烟气发展过程如图 4.4 所示。

(a) $t = 0s$ 时发烟机开始发烟

(b) $t = 3s$ 时燃烧池点火

(c) $t = 60s$ 时烟气层开始下降

(d) $t = 128s$ 时烟气层下降到第三个红灯

(e) $t = 188s$ 时烟气层下降到第四个红灯

(f) $t = 224s$ 时烟气层下降到第五个红灯

图 4.4 烟气发展过程

(g) t = 279s 时烟气层下降到第二个绿灯

(h) t = 302s 时烟气层下降到第三个绿灯

(i) t = 324s 时烟气层下降到第四个绿灯

(j) t = 371s 时烟气层下降到第五个绿灯（开始排烟）

(k) t = 453s 时烟气层上升到第二个绿灯

(l) t = 470s 时烟气层上升到第一个绿灯

(m) t = 696s 时发烟机停止发烟

(n) t = 863s 时烟气层基本消失（继续排烟
至 t = 969s 以彻底排空现场烟气）

图 4.4　烟气发展过程（续）

4.1.3 测试结果分析

现场测试时，观测到热烟羽流首先到达中庭顶部，撞到顶棚后横向散开，形成热烟气层。由于热烟羽流不断向上填充，烟气层的厚度逐渐增加。当烟气层底部下降到第五个绿灯时，打开排烟风机开始排烟，然后看到烟气层慢慢上升，当烟气基本排完时，所有的指示灯均不再被遮蔽，关闭排烟风机。

测试得到的烟气层界面高度（简称烟气层高度）随时间变化的曲线如图 4.5 所示。

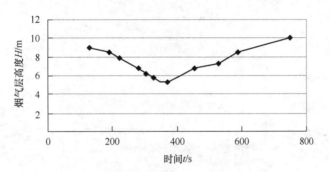

图 4.5 烟气层高度随时间变化的曲线

根据图 4.5 可知，在未开排烟风机时，烟气层高度在 380s 之前随时间逐渐下降，烟气层基本匀速下降；380s 之后烟气层的高度逐渐上升。开启排烟风机后，烟气层有规律地以较慢的速度上升；在发烟机停止发烟、排烟风机继续排烟时，烟气层以较快的速度上升。实验结果表明，排烟风机开启后可以有效排烟，满足发生火灾时排烟的要求。

检验防火卷帘的气密性时，在三楼的防火卷帘外发现有大量烟气流出，并在三楼左侧楼梯出口附近蔓延，如图 4.6 所示。经现场检查，烟气泄漏的原因是，防火卷帘没有安装到天花板，烟气进入天花板上部后流出，同时排烟风机的密闭性不够好，导致烟气扩散到二楼和三楼的走廊，并迅速蔓延到两侧的疏散楼梯。

图 4.6 三楼泄漏的烟气

本次热烟测试实验的结果如下：排烟风机的排烟能力符合安全要求，防火卷帘的气密性不符合安全要求。

4.2 某地下商场中庭热烟实验

本实验中地下空间中庭的耐火等级为一级，共分两层，总高 10m。地下空间中庭的建筑平面图如图 4.7 所示。

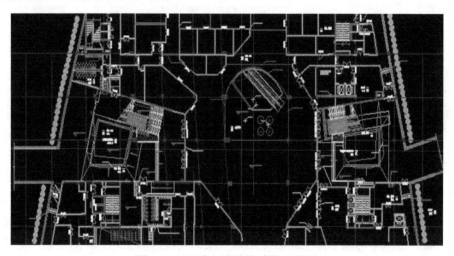

图 4.7 地下空间中庭的建筑平面图

4.2.1 火灾场景设计

地下空间中庭与地下二层的大型地下购物超市毗邻，与地下一层的商业街通过自动扶梯相连，是人员较为密集的地方。现场最明显的紧急疏散通道是自动扶梯，但排烟风机的位置离自动扶梯较远。由于商店及地下超市尚未开始营业，故对危险源的具体分布尚不清楚。

本实验保守选择火灾位置如下：对排烟及火场人员疏散最不利的中庭底部靠近自动扶梯的位置。从火灾影响范围来看，此处火灾的烟气可能会扩散到整个地下中庭；从人员疏散的角度来看，火灾发生在楼梯旁时，可能导致地下二层的人员不敢从自动扶梯疏散到安全区域。火源位置示意图如图 4.8 所示。

本实验的火源是酒精，将 1L 酒精注入燃烧池并点燃，用以模拟火灾。燃烧池的边长为 0.2m，面积为 0.126m^2，接近热烟测试方法中的 A3 规格燃烧池。

在本实验中，Q 取 77.4kW/s^2，有 $Q_c = 0.7Q = 54.2$kW/s^2，z 取 8m，根据式（2.1）可以计算出烟气质量流率为 $m = 8.74$kg/s。取烟气密度为 1.2kg/m^3，可算得烟气体积流率为 7.3m^3/s。发烟系统如图 4.9 所示。

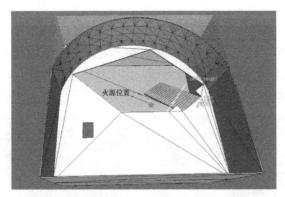

图 4.8　火源位置示意图

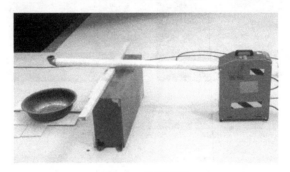

图 4.9　发烟系统

实验在距离火源 5m 的位置设置一根测试杆,从测试杆顶部向下每隔 1m 设置 1 个 K 形热电偶,形成一个热电偶束。热电偶的温度数据由数字采集仪获取,并与计算机相连,以自动记录温度的变化,存取频率为 1 次/s。

实验从自测试杆顶部向下每隔 0.5m 设置 1 个指示灯,形成一个指示灯串,共设置 18 个指示灯,分别为白、红、绿三种颜色。

测试杆及其上的指示灯和热电偶如图 4.10 所示。

图 4.10　测试杆及其上的指示灯和热电偶

4.2.2　测试过程

在实验中，排烟风机在点火后 70s 启动，火源在 726s 时熄灭，烟气随时间发展的情况如图 4.11 所示。由图可以看出，火灾开始时指示灯全部明亮，随着火灾的发展，烟气开始填充中庭顶部，指示灯自上而下亮度依次变暗。

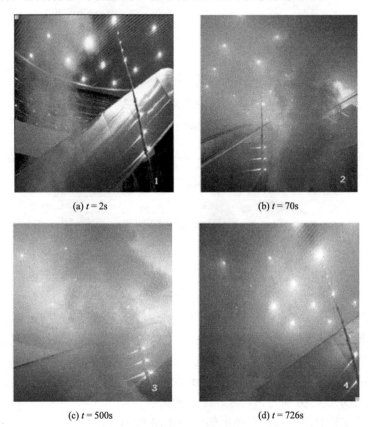

(a) $t = 2s$　　　　　　　　　　(b) $t = 70s$

(c) $t = 500s$　　　　　　　　　(d) $t = 726s$

图 4.11　烟气随时间发展的情况

4.2.3　测试结果分析

通过指示灯得到的烟气层高度变化如图 4.12 所示。

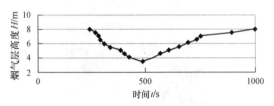

图 4.12　烟气层高度变化（目测法）

通过热电偶测量得到的温度数据如图 4.13 所示。

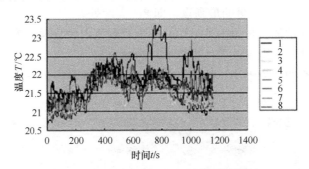

图 4.13　通过热电偶测量得到的温度数据

根据 N 百分比法,由热电偶温度数据计算得到的烟气层高度变化如图 4.14 所示。

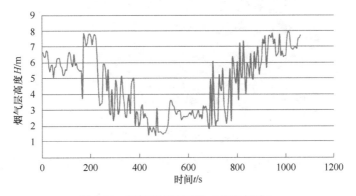

图 4.14　烟气层高度变化(热电偶法)

目测法和热电偶法得到的烟气层高度变化对比如图 4.15 所示。

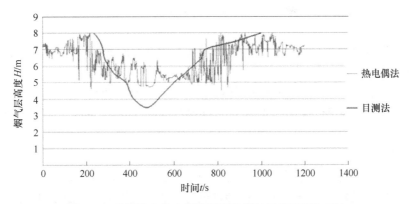

图 4.15　目测法和热电偶法得到的烟气层高度变化对比

根据图 4.12 至图 4.15 进行分析,可以得到如下结论:

（1）200s 时测得烟气层在 8m 高度处开始下降，500s 时烟气层到达最低点，1000s 时烟气层恢复到测量的最高点，即 8m 高度处。

（2）热电偶法的测量数据整体偏低，部分测量点的数据有较大的波动。

（3）目测法和热电偶法的结果总体较为吻合。

对防火卷帘的气密性进行检验，在地下一层防火卷帘外发现大量烟气泄漏并在整个走廊蔓延，如图 4.16 所示。

图 4.16　防火卷帘外泄漏的烟气

本次热烟测试实验的结果如下：排烟风机的排烟能力不符合安全要求，防火卷帘的气密性不符合安全要求。

4.3　大空间消防系统排烟能力与火灾烟气之间的作用模式研究

根据实验结果，归纳排烟风机排烟量与发烟量之间的相互关系后，发现具有以下 3 种模式：

（1）V 形模式：当排烟风机的排烟量大于发烟机的发烟量时，烟气层界面高度变化曲线大致呈 V 形。未开排烟风机时，随着发烟机的不断发烟，烟气层界面匀速下降；开启排烟风机后，烟气层界面上升。排烟量大于发烟量时的烟气层界面高度如图 4.17 所示。

（2）半 U 形模式：当排烟风机的排烟量等于发烟机的发烟量时，烟气层界面高度变化曲线呈斜半 U 形。未开排烟风机时，随着发烟机的不断发烟，烟气层界面匀速下降；开启排烟风机后，烟气层界面维持在一定高度不再变化。排烟量等于发烟量时的烟气层界面高度如图 4.18 所示。

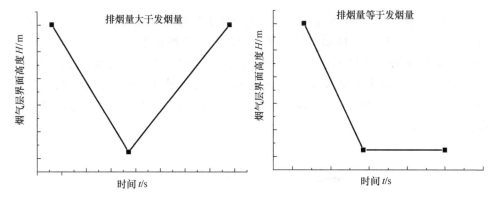

图 4.17 排烟量大于发烟量时 　　　　图 4.18 排烟量等于发烟量时
　　　的烟气层界面高度 　　　　　　　　　的烟气层界面高度

（3）斜 L 形模式：当排烟风机的排烟量小于发烟机的发烟量时，烟气层界面高度变化曲线大致呈斜 L 形。未开排烟风机时，随着发烟机的不断发烟，烟气层界面匀速下降；开启排烟风机后，烟气层界面继续下降，但下降的速度变慢。排烟量小于发烟量时的烟气层界面高度如图 4.19 所示。

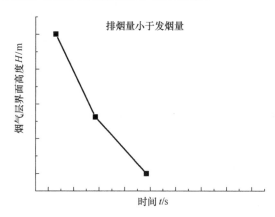

图 4.19　排烟量小于发烟量时的烟气层界面高度

4.4　本章小结

首先，对实际建筑大空间的排烟系统进行了现场热烟实验，实现了对排烟系统排烟能力和防火卷帘气密性的验证，观测得出了在未开排烟风机时烟气层界面匀速下降，开启排烟风机后烟气层界面单调上升的 V 形变化规律；通过本次热烟测试实验检验了烟风机的排烟能力，并直接观测到了防火卷帘的气密性缺陷。

其次，对大空间消防系统排烟能力与火灾烟气作用下烟气层界面的移动模式进行了研究，归纳出在排烟风机的排烟量与火灾发烟量相互作用下，烟气层界面移动具有 V 形、半 U 形和斜 L 形三种模式：当排烟量大于发烟量时，烟气层界面高度变化曲线大致呈 V 形；当排烟量等于发烟量时，烟气层界面高度变化曲线呈略斜的半 U 形；当排烟量小于发烟量时，烟气层界面高度变化曲线略大致呈斜 L 形。

第5章 建筑火灾排烟过程的数值模拟方法

5.1 概述

建筑火灾排烟过程的数值模拟是指通过研究火灾发展过程的基本规律，建立火灾发展过程的数学模型，采用计算机作为工具进行求解运算。由于火灾同时具有确定性和随机性两种规律，因此火灾过程的数值模拟模型也包括确定性模型和随机性模型，其中应用得较多的是确定性模型。确定性模型运用火灾过程中的数学表达式，确定性地描述火灾过程中有关特征参数随时间变化的特性。确定性模型按照求解问题的方法分为区域模型、场模型、网络模型和混合模型。常用于火灾过程场模型的数值模拟软件有 PHOENICS、FLUENT、CFX、FDS 等[9]。

5.2 描述建筑火灾排烟过程的数学模型

火灾烟气流动数学模型主要包括以下方程[9, 141~143]。

质量守恒方程（连续性方程）：

$$\frac{\partial \rho}{\partial t} + \nabla \cdot \rho u = 0 \tag{5.1}$$

动量守恒方程（N-S 方程）：

$$\rho \left(\frac{\partial u}{\partial t} + (u \cdot \nabla) u \right) + \nabla p = \rho g + \nabla \cdot \tau \tag{5.2}$$

能量守恒方程：

$$\frac{\partial}{\partial t}(\rho h) + \nabla \cdot \rho h u = \frac{\mathrm{d}p}{\mathrm{d}t} - \nabla \cdot q_r + \nabla \cdot k\nabla T + \sum \nabla \cdot h_l \rho D_l \nabla Y_l + m_l \tag{5.3}$$

组分守恒方程：

$$\frac{\partial}{\partial t}(\rho Y_l) + \nabla \cdot \rho Y_l u = \nabla \cdot \rho D_l \nabla Y_l + m_l \tag{5.4}$$

状态方程：

$$p_0 = \rho T R \sum \left(\frac{Y_i}{M_i} \right) = \frac{\rho T R}{T} \tag{5.5}$$

通过耦合质量守恒方程、能量守恒方程、状态方程，可以得到速度散度方程：

$$\nabla \cdot u = \frac{1}{\rho C_p T}\left(\nabla \cdot k\nabla T + \nabla \cdot \sum \int C_{p,l}\,\mathrm{d}T\rho D_l\nabla Y_l - \nabla \cdot q_r\right)+$$

$$\frac{m}{\rho}\sum \nabla \cdot \rho D_l\nabla\left(\frac{Y_l}{M_l}\right) - \frac{1}{\rho C_p T}\sum \int C_{p,l}\,\mathrm{d}T\nabla \cdot \rho D_l\nabla Y_l + \qquad (5.6)$$

$$\frac{1}{\rho}\sum_l\left(\frac{M}{M_l} - \frac{h_l}{C_p T}\right)\dot{m}_l + \left(\frac{1}{\rho C_p T} - \frac{1}{p_0}\right)\frac{\mathrm{d}p_0}{\mathrm{d}t}$$

速度散度方程可以进一步简化为

$$\nabla \cdot u = \frac{1}{\rho C_p T}\left(\nabla \cdot k\nabla T + \nabla \cdot \sum \int C_{p,j}\,\mathrm{d}T\rho D_l\nabla Y_l - \nabla \cdot q_r + q''\right)+$$

$$\left(\frac{1}{\rho C_p T} - \frac{1}{p_0}\right)\frac{\mathrm{d}p_0}{\mathrm{d}t} \qquad (5.7)$$

对整个区域进行积分，可以得到参考压力方程：

$$\frac{\mathrm{d}\rho_0}{\mathrm{d}t} = \left[\int_\Omega \frac{1}{\rho C_p T}(\nabla \cdot k\nabla T + \ )\mathrm{d}v - \int_{\partial\Omega} u \cdot \mathrm{d}S\right]\bigg/ \int_\Omega\left(\frac{1}{p_0} - \frac{1}{\rho C_p T}\right)\mathrm{d}V \qquad (5.8)$$

烟气湍流流动采用大涡模拟，动量方程中的黏性应力张量可以表示为

$$\tau = \mu\left(2\,\mathrm{defu} - \frac{2}{3}(\nabla \cdot u)I\right) \qquad (5.9)$$

式中，I 为辐射强度，defu 为应变张量。

应变张量 defu 可表示为

$$\mathrm{defu} \equiv \frac{1}{2}\left[\nabla u + (\nabla u)'\right] = \begin{bmatrix} \dfrac{\partial u}{\partial x} & \dfrac{1}{2}\left(\dfrac{\partial u}{\partial y} + \dfrac{\partial v}{\partial x}\right) & \dfrac{1}{2}\left(\dfrac{\partial u}{\partial z} + \dfrac{\partial w}{\partial x}\right) \\ \dfrac{1}{2}\left(\dfrac{\partial v}{\partial x} + \dfrac{\partial u}{\partial y}\right) & \dfrac{\partial v}{\partial y} & \dfrac{1}{2}\left(\dfrac{\partial v}{\partial z} + \dfrac{\partial w}{\partial y}\right) \\ \dfrac{1}{2}\left(\dfrac{\partial w}{\partial x} + \dfrac{\partial u}{\partial z}\right) & \dfrac{1}{2}\left(\dfrac{\partial w}{\partial y} + \dfrac{\partial v}{\partial z}\right) & \dfrac{\partial w}{\partial z} \end{bmatrix} \qquad (5.10)$$

湍流黏性系数定义为

$$\mu_{\mathrm{LES}} = \rho(C_s\Delta)^2\left(2(\mathrm{defu})\cdot(\mathrm{defu}) - \frac{2}{3}(\nabla \cdot u)^2\right)^{\frac{1}{2}} \qquad (5.11)$$

式中，C 为经验系数，Δ 为网格特征尺度。

应变张量与弥散方程的关系如下：

$$\Phi \equiv \tau \cdot \nabla u$$

$$\Phi \equiv \mu \left(2(\text{defu}) \cdot (\text{defu}) - \frac{2}{3} (\nabla \cdot u)^2 \right)$$

$$= 2 \left(\frac{\partial u}{\partial x} \right)^2 + 2 \left(\frac{\partial v}{\partial y} \right)^2 + 2 \left(\frac{\partial w}{\partial z} \right)^2 + \left(\frac{\partial v}{\partial x} + \frac{\partial u}{\partial y} \right)^2 + \tag{5.12}$$

$$\left(\frac{\partial w}{\partial y} + \frac{\partial v}{\partial z} \right)^2 + \left(\frac{\partial u}{\partial z} + \frac{\partial w}{\partial x} \right)^2 - \frac{2}{3} \left(\frac{\partial u}{\partial x} + \frac{\partial v}{\partial y} + \frac{\partial w}{\partial z} \right)^2$$

热扩散和物质扩散与湍流黏性系数的关系如下：

$$k_{\text{LES}} = \frac{\mu_{\text{LES}} C_p}{\text{Pr}}, \quad (\rho D)_{l,\text{LES}} = \frac{\mu_{\text{LES}}}{\text{Sc}} \tag{5.13}$$

湍流扩散燃烧模型：采用守恒标量的概率密度函数（PDF）模型进行湍流燃烧的计算模拟。在湍流流场中，将所有的量均视为无规则脉动的随机量，某个量的平均值及其取某个值的概率 $p(f)$ 有如下两个重要性质：

$$\int_0^1 p(f) \mathrm{d} f = 1 \tag{5.14}$$

$$\overline{f} = \int_0^1 f p(f) \mathrm{d} f \tag{5.15}$$

在混合系统（绝热）中，任意因变量的摩尔分数与其他参量的时间平均值表示为

$$\begin{cases} \overline{\varphi_i} = \int_0^1 p(f) \varphi_i(f) \mathrm{d} f \\ \overline{\phi'^2} = \int_0^1 \left[\phi(f) - \overline{\phi} \right]^2 P(f) \mathrm{d} f = \int_0^1 \left[\phi(f) \right]^2 P(f) \mathrm{d} f - \overline{\phi}^2 \end{cases} \tag{5.16}$$

式中，φ_i 代表瞬时组分质量分数、密度，或温度等标量或速度。

非绝热系统中要考虑热损失引起的焓变，对于单一混合分数系统，其表示为

$$\varphi_i = \varphi_i(f, H^*) \tag{5.17}$$

设焓的脉动与焓的水平无关，得到

$$\overline{\varphi_i} = \int_0^1 \varphi_i(f, \overline{H^*}) p(f) \mathrm{d} f \tag{5.18}$$

因此，在非绝热系统中，通过求解时间平均焓的模拟输运方程确定 $\overline{\varphi_i}$，将基本能量方程改写为

$$\frac{\partial}{\partial t} (\rho \overline{H^*}) + \nabla \cdot (\upsilon u \overline{H^*}) = \nabla \cdot \left(\frac{k_i}{c_p} \nabla \overline{H^*} \right) + S_h \tag{5.19}$$

式中，S_h 与基本能量方程中的 $Q_c r'''$ 相同；H^* 为瞬时焓，表示为

$$H^* = \sum_j m_j H_j = \sum_j m_j \left[\int_{T_{\text{ref},j}}^{T} c_{p,j}\, \mathrm{d}T + h_j^0(T_{\text{ref},j}) \right] \tag{5.20}$$

根据最小吉布斯自由能法则[168]，可用 f 计算组分浓度场，而不用求解有限速率化学反应模型。其中有关化学反应体系的计算由化学平衡计算处理。该方法通过求解混合物分数及其方差的输运方程获得组分分数与温度场，而不直接求解基本组分和能量的输运方程。混合分数方程的时间平均模型为

$$\frac{\partial}{\partial t}(\rho \overline{f}) + \nabla \cdot (\rho \overline{u} \overline{f}) = \nabla \cdot \left(\frac{\mu_t}{\sigma_t} \nabla \overline{f} \right) + S_m + S_{\text{user}} \tag{5.21}$$

式中，源项 S_m 在反应颗粒或液体燃料滴的质量传入气相时不为 0，在其他情况下均为 0；S_{user} 是可由任意用户定义的源项。

在实际的数值计算中，可采用有限元法、有限体积法等进行网格划分与计算，这里使用 FDS 软件进行数值计算，采用的是有限体积法。

5.3 数值模拟辅助程序的编制

火灾动力学模拟器（Fire Dynamics Simulator，FDS）是由美国国家标准与技术研究院（National Institute of Standards and Technology，NIST）开发的一款专用于火灾的数值模拟软件，它经过了全尺寸火灾实验的验证，计算结果的可靠性较高。FDS 求解偏微分方程组的核心算法是一种显式的预测纠错方法，时间和空间的精度为二阶，计算中的涡流处理方式为大涡模拟，处理火灾烟气流场具有较高的精度。FDS 通过数值方法求解 N-S 方程来分析火灾燃烧的过程，有燃烧模型、热辐射模型和热解模型等常用的数学模型[124]。

FDS 作为专用于火灾的数值模拟软件，在对火灾过程进行数值模拟时使用较为简便，在火灾模拟中应用广泛，但也存在一些使用上的不便之处。

（1）FDS 的几何建模依靠手工在文本文件中输入，操作界面不太友好，对于较复杂的几何模型，建模工作量大，且容易出错。

（2）FDS 本身只支持各边均平行于三维坐标轴的长方体，而不能直接定义平行于坐标轴的线和面，一般只能用平行于坐标轴的线和面来近似代替。

针对第一个问题，这里使用 Visual Basic 编程语言编制了图形化操作程序，对 FDS 中使用的前处理（网格划分、构件生成、边界条件设置）、计算求解（数值计算）、后处理（计算结果显示）都能通过图形界面进行操作。程序界面如图 5.1 所示。

针对第二个问题，这里使用 Visual Basic 编制了常用的几何构件库，如直

墙、斜墙、门、柱及各种形式的楼梯等常用构件，部分构件的程序实现如表 5.1 所示。

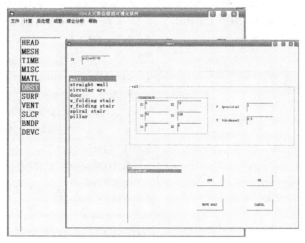

图 5.1　程序界面

表 5.1　部分构件的程序实现

构　件	参　数	部分程序代码
直墙	入口参数：两对角顶点坐标 (x1,y1,z1)和(x2,y2,z2)； 出口参数：s	s = s + "&OBST XB=" & x1 & "," & x2 & "," & y1 & "," & y2 & "," & z1 & "," & z2 & "/" + Chr(13) + Chr(10)
斜墙 (x2, y2, z2) (x1, y1, z1)	入口参数：起点坐标 (x1,y1,z1)，终点坐标 (x2,y2,z2)，墙厚度 t，精度 p； 出口参数：s	x0 = x1-t*Sqr((y2-y1)^2 + (x2-x1)^2)/(y2-y1) y0 = y1 z0 = z1 dx = p*(x2-x1)/(y2-y1) dy = p dz = p For i = 0 To (z2-z1)/p For k = 0 To (y2-y1)/p s = s + "&OBST XB=" & x0 + k*dx & "," & x0 + k*dx + t*Sqr((y2-y1)^2 + (x2-x1)^2)/(y2-y1) & "," & y0 + k*dy & "," & y0 + (k + 1)*dy & "," & z0 + i*dz & "," & z0 + (i + 1)*dz & "/" + Chr(13) + Chr(10) Next k Next i
门	入口参数：起点坐标 (x1,y1,z1)，终点坐标 (x2,y2,z2)，精度 p； 出口参数：s	s = s + "&HOLE XB=" & x1 & "," & x2 & "," & y1 & "," & y2 & "," & z1 & "," & z2 & "/" + Chr(13) + Chr(10)

构　件	参　数	部分程序代码

圆柱
 	
	入口参数：圆柱底面圆心坐标 (x,y,z)，圆柱底面直径 d，圆柱高度 h；
	出口参数：s
		`s = s + "&OBST XB=" & x - 0.351*d & "," & x + 0.354*d`
		`& "," & y - 0.354*d & "," & y + 0.354*d & "," &`
		`z & "," & z + h & "/" + Chr(13) + Chr(10)`
		`Next k`

圆弧墙
 	
	入口参数：圆弧墙圆心坐标 (x,y,z)，起点与 x 轴正方向的夹角 a1，终点与 x 轴正方向的夹角 a2，内半径 r1，外半径 r2，精度（网格大小）E，圆弧墙高度 h；
	出口参数：s
		`a = a1`
		`'角度递增量，由 E 除以内半径，然后乘以 1.1 的放大系数，保证在生成圆弧时递增量不小于精度 E，如果小于精度 E，那么每次递增量将被忽略`
		`d = (E/r1)*1.1`
		`m = Int(((a2-a1)*3.1415926/180)/d)`
		`'将 a1 化为弧度制`
		`c = a1*3.1415926/180`
		`For k = 0 To m`
		`'(x11,y11)为与半径 r1 处圆弧的交点坐标`
		`x11 = (-1)^(Int((a/180.0001) + 0.5))*`
		`Sqr((r1^2)/(1 + Tan(c)^2))`
		`'按照圆的方程求解 y11`
		`y11 = Tan(c)*x11`
		`'(x12,y12)为与半径 r2 的交点坐标`
		`x12 = (-1)^(Int((a/180.0001)+0.5))*Sqr((r2^2)/`
		`(1 + Tan(c)^2))`
		`y12 = Tan(c)*x12`
		`c = c + d`
		`a = a+d*180/3.14159`
		`'(x21,y21)为与半径 r1 的交点坐标`
		`x21 = (-1)^(Int((a/180.0001) + 0.5))*Sqr((r1^2)/`
		`(1 + Tan(c)^2))`
		`y21 = Tan(c)*x21`
		`'(x22,y22)为与半径 r2 的交点坐标`
		`x22 = (-1)^(Int((a/180.0001) + 0.5))*Sqr((r2^2)/`
		`(1 + Tan(c)^2))`
		`y22 = Tan(c)*x22`
		`'输出 obst 坐标`
		`s = s + "&OBST XB=" & x11 + x & "," & x22 + x &`
		`"," & y11 + y & "," & y22 + y & "," & z & "," &`
		`h + z & " / " + Chr(13) + Chr(10)`
		`s = s + "&OBST XB=" & x12 + x & "," & x21 + x &`
		`"," & y12 + y & "," & y21 + y & "," & z & "," &`
		`h + z & " / " + Chr(13) + Chr(10)`
		`Next k`

5.4　建立数值模拟并行计算机组

在使用数值模拟软件对建筑内火灾的可能场景进行模拟计算时，对于较大的空间，因为网格数较多，普通配置的单机计算通常会出现内存不足和计算缓慢的现象，大工程的计算往往需要数周甚至更长的时间。解决该问题大体上有三种解决思路：第一是采用高性能的计算机，如工作站，但成本较高；第二是采用最新的 GPU 图形卡技术进行单机并行计算，中国科学院多相复杂系统国家重点实验室、北京航空航天大学虚拟现实技术国家重点实验室、国防科技大学等已利用 GPU 进行了有关计算流体力学方面的一些研究，但相关软件架构还不成熟；第三是采用多台低性能计算机联网并行计算，性价比较高[145]。

这里使用 6 台计算机组成并行计算机组进行数值模拟计算[146~149]，并行计算机组如图 5.2 所示。

图 5.2　并行计算机组

并行计算是指同时对多个任务、多条指令或多个数据项进行处理。完成此项处理的计算机系统称为并行计算机系统，它将多个处理器通过网络连接以一定的方式有序地组织起来。目前所用的 CPU 并行技术主要包括非对称多处理器（AMY）技术、对称多处理（SMP）技术、集群（Cluster）技术、NUMA 分布式内存存取技术、大规模并行处理（MMP）技术等。SMP 技术能够保证所有 CPU 共享系统的资源，工作负载可以平均分配到各个处理器上，因此是大多数工程计算中采用的技术[150]。

本书中 FDS 软件的并行计算采用对称多处理技术。要组建 SMP 系统，关键是需要合适的 CPU 来配合。因此，只有使用相同的产品型号、相同的运行频率、相同类型的 CPU 来组建 SMP 系统，才能使计算平台发挥最优的性能。FDS 的并行计算采用多处理器来计算大型计算问题，原理是对全场分区来进行并行计算，并行计算流程图如图 5.3 所示[151]。

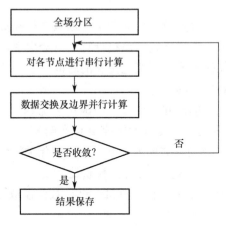

图 5.3　并行计算流程图

在物理模型和数值算法确定的条件下，计算速度取决于 CPU 的数量、CPU 的性能、内存、CPU 的内存访问带宽、节点互联带宽、网格质量及分区质量。每个特定问题、每台特定机器对应于一个最佳分区数。如果分区数过多，那么 CPU 间的通信量增大，分区数增大到一定程度反而会降低计算速度；如果分区数过少，那么未充分利用更多的 CPU 参与计算也会影响计算速度。考虑到对称多处理结构下的主板带宽会限制多 CPU 同时读取共享内存的速度，总线上节点间的通信速度受到限制[152]。

网卡采用第三代 I/O 总线技术 PCI-E-Gigabit Ethernet，交换机采用 D-link DES-1016D/1000MHz。主服务器和从服务器之间的通信协议采用 RSH 协议。参与计算的 CPU 参数基本满足计算要求，具体如下：Intel Core 2 E7400，主频为 2.8GHz；主服务器的内存为 8GB，从服务器的内存为 4GB。

在平台搭建过程中，要注意以下两点：一是主服务器的内存要足够大，要远大于一次并行计算所产生的数据量；二是参与运算的节点机器性能要均一，以避免最慢的一个节点形成瓶颈。并行计算平台示意图如图 5.4 所示，各 CPU 的性能一致，通过交换机相互通信。

计算使用 64 位的 Windows XP 系统，应用程序可以将足够多的数据预加载到物理内存中，以便使处理器快速访问这些数据。这种特性减少了将数据载入虚拟内存及从低速硬盘中查找、读取数据并将数据写入其中所花的时间，可使应用程序更快、更高效地运行。组建为一个并行处理系统的 6 台机器依次命名为 fds1、fds2、fds3、fds4、fds5、fds6，其中 fds1 为主服务器，其余为从服务器。

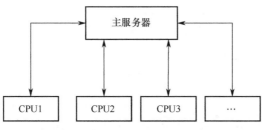

图 5.4 并行计算平台示意图

消息传递接口（Message Passing Interface，MPI）是消息传递并行编程模型的标准规范，是一种与平台、语言无关的程序设计标准。当前广泛使用的是 MPI V1.2 和 MPI V2.0 标准。MPI 并行程序设计平台由标准消息传递函数及相关的辅助函数构成，多个进程通过调用这些函数进行通信。一个程序同时启动多份，形成多个独立的进程，在不同的处理器上运行，拥有独立的内存空间，进程间的通信通过调用 MPI 函数来实现。

MPICH 是一个影响最大的 MPI 实现，被广泛应用于各种系统上，支持并行及分布式程序设计。它与 MPI 规范同步发展，同时 MPI V2.0 提供 MPICH2。这里采用 MPICH2 实现各节点之间的数据传递，可以达到提升并行效率的目的。

5.5　并行计算效率实例分析

本研究对象南北长 10m，东西宽 7.2m，面积为 72m^2。南侧为单层平房局部，东侧为一小屋，材料为混凝土。墙厚 0.2m，材料为混凝土。地面为一表面，材料为混凝土，东墙高 2.9m，西墙高 4.8m。屋顶用长方体拟合，材料外表面为砖，内表面为木。房屋内的吊顶高度为 2.5m，材料主要为木。

东墙开两窗，宽 2m，高 1.6m，离地 1m。北墙开一窗，宽 2m，高 1.6m，离地 1m。西墙开一窗，宽 1m，高 1.6m，离地 1m。

室内用分隔墙将房间分为 4 间，西南为公共间，其余为卧室。两堵东西向分隔墙分别距南墙 4m 和 5m。南北向分隔墙距西墙 3m。南墙开有总门，宽 0.85m，高 2.15m，气窗高 0.4m。房门宽 0.8m，高 2m。

公共间内放置箱子一个。西北间放置床一张，桌子两张。东北间放置床一张，桌子一张，衣柜一个。东南间放置床一张，桌子两张，沙发一个，衣柜一个。室内可燃物材料以装饰材料为主。

数值模拟几何模型如图 5.5 所示。

物理模型的计算区域大小为 7.2m×10m×4.8m，划分为 36×50×24 = 43200 个网格。初始环境温度为 30℃，公共间和房间的门开启，模拟时间为 1200s，火由东南间一桌子的一角开始蔓延。可燃物采用燃烧后自动移除的方式。

图 5.5　数值模拟几何模型

并行计算主要关心的是加速比、并行效率和可扩展性。加速比是指进行并行计算时加速整个计算过程的能力，并行效率是指每个处理器的平均利用率，可扩展性是指并行计算的性能随处理器数量的增加而按比例提高的能力。依据等效率度量法，随着处理机数量的增加，如果增大计算规模可使并行计算效率保持不变，那么该并行算法具有较好的扩展性[153]。

加速比定义为

$$S_n = T_1 / T_n \tag{5.22}$$

并行效率定义为

$$E_n = S_n/n \times 100\% \tag{5.23}$$

式中，T_1 为单个处理器计算所需的时间，单位为 s；T_n 为 n 个处理器并行计算所需的时间，单位为 s；S_n 为加速比；E_n 为并行效率。

这里做了两组不同网格大小的模拟计算，计算规模分别是 300 万个网格和 600 万个网格。网格平均分配到每个节点，每组实验做 3 次，取平均值，结果如表 5.2 和表 5.3 所示。

表 5.2　某单室火灾并行计算测试记录表（300 万个网格）

节 点 数	单步迭代时间/s	加速比 S_n	并行效率 E_n/%
1	12.63	1	100
2	6.58	1.92	96
3	5.13	2.46	82
4	3.77	3.35	83.7
5	3.11	4.04	80.8
6	2.65	4.76	79.3

表 5.3　某单室火灾并行计算测试记录表（600 万个网格）

节 点 数	单步迭代时间/s	加速比 S_n	并行效率 E_n/%
1	22.36	1	100
2	11.75	1.90	95
3	9.18	2.43	81
4	7.12	3.14	78.5
5	5.63	3.97	79.4
6	4.81	4.65	77.5

　　单步迭代时间与处理器数量的关系如图 5.6 所示。在计算规模不变的情况下，随着处理器数量的增多，单步迭代时间减少，意味着计算所需的时间减少。当节点数达到 6 时，单步迭代时间相比单机运行时要少得多。

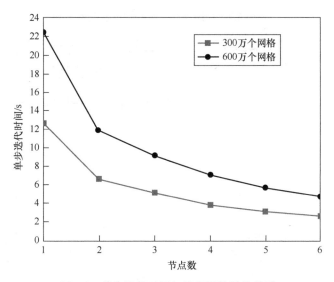

图 5.6　单步迭代时间与处理器数量的关系

　　加速比与处理器数量的关系如图 5.7 所示，随着处理器数量的增加，加速比随之增长，而且由图可以看出计算规模偏小的加速比略大于计算规模大的加速比。

　　并行效率与处理器数量的关系如图 5.8 所示，对比 300 万个网格和 600 万个网格的并行效率，发现随着网格规模的增加，并行效率基本上不发生变化；当网格数量不变时，随着处理器数量的增加，并行效率呈下降趋势。原因是，当处理器数量增加时，区域之间的数据交换增加，通信量相对变大，并行效率降低。因此，可以预测当处理器数量过多时，并行效率会明显降低。

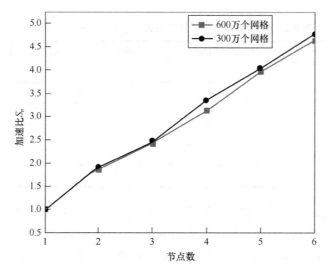

图 5.7　加速比与处理器数量的关系

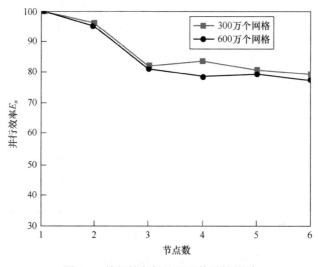

图 5.8　并行效率与处理器数量的关系

　　从并行计算加速比的变化趋势看，处理器数量越少，并行机组的性能发挥得越好；随着处理器数量的增加，并行机组的性能逐渐下降。这是因为共享存储器的总线带宽是有限制的，CPU 的数量越多，访存冲突加剧，影响到加速比。

　　由计算结果可知，搭建的并行计算平台可扩展性良好，并行效率随节点数（处理器数量）的增加变化不大；在节点数不大（3～6 个）的情况下，迭代时间明显减少，且并行效率在计算规模（网格数）不同时的变化不大；节点数增多时，各节点之间的数据交换增加，通信量增幅较大，并行效率降低，因此对于特定规模的计算，对应有一个性价比最佳的并行节点数。

5.6　本章小结

本章选择用于建筑空间火灾烟气流动数值模拟的主要微分方程，编制了用于烟气流动数值模拟的 FDS 辅助程序及常用的几何构件库，建立了用于烟气数值模拟的并行计算机组，针对实例进行了数值模拟并行计算的效率分析，结果表明并行计算可以比较有效地加快计算速度。

第6章 建筑消防系统排烟能力热烟实验过程的数值模拟

6.1 实验室热烟特性的数值模拟

6.1.1 火灾场景设计

本节针对 3.3 节中的 A5、A4、A3 三种火灾场景进行数值模拟，具体参数见 3.3.1 节，几何模型及火灾场景如图 6.1 所示。

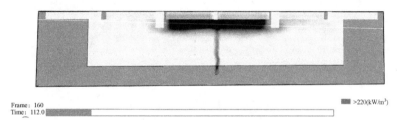

图 6.1 几何模型及火灾场景

6.1.2 模拟分析

本节使用 FDS 数值模拟软件对 A5、A4、A3 三种火灾场景进行数值模拟计算，得到的三种火灾场景下的烟气层高度如图 6.2 所示，其中横坐标为时间 t，纵坐标为烟气层高度 H。

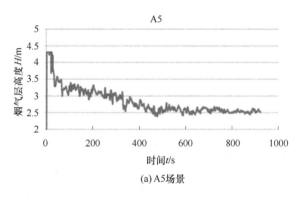

(a) A5场景

图 6.2 三种火灾场景下的烟气层高度

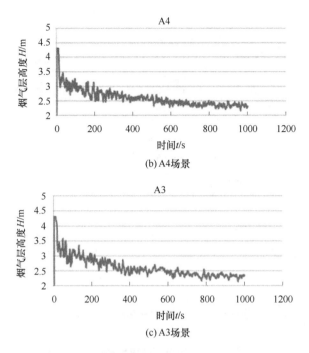

(b) A4场景

(c) A3场景

图 6.2 三种火灾场景下的烟气层高度（续）

根据图 6.2 的计算结果，可以得到如下结论：

（1）A5 场景下的烟气层高度始终未下降到 $H = 2.5m$，A4 场景下的烟气层高度约在 $t = 500s$ 时下降到 $H = 2.5m$，A3 场景下的烟气层高度约在 $t = 450s$ 时下降到 $H = 2.5m$。

（2）在三组实验中，对火源热释放速率有 A3 > A4 > A5，对烟气层高度有 A3 < A4 < A5，即火源热释放速率越快，烟层下降的速率越快。

结合 3.3 节中实验室热烟特性实验得到的结果，在 A5、A4、A3 三种火灾场景下分别使用目测法、热电偶法、数值模拟法（公式法）测得的烟气层高度随时间的变化如图 6.3 所示，其中横坐标为时间 t，纵坐标为烟气层高度 H。

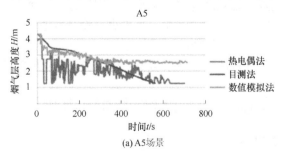

(a) A5场景

图 6.3 三种火灾场景下分别使用目测法、热电偶法、
数值模拟法测得的烟气层高度随时间的变化

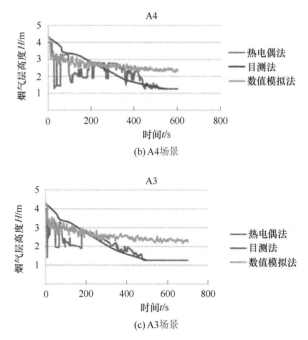

图6.3　三种火灾场景下分别使用目测法、热电偶法、数值模拟法测得的烟气层高度随时间的变化（续）

根据图 6.3 的计算结果，可以得到如下结论：

（1）目测法和热电偶法测量得到的烟气层高度曲线受横梁影响出现凹陷，模拟法测量得到的烟气层高度曲线受横梁影响不明显。这是因为采用目测法和热电偶法测量烟气层高度时，得到的是通过两横梁间测试杆上方指示灯和热电偶的局部烟气层数据，而模拟法得到的是整体的烟气层数据。

（2）在火灾发展前半段（约前 300s），目测法和数值模拟法的一致性较好，而热电偶法和前二者的一致性较差，这是因为火灾前期热电偶受到了上升烟流的影响。后半段目测法和热电偶法的一致性较好，而数值模拟法的烟气层温度始终处于一个较高的位置，这是因为实际实验中火灾经过了一个生长、稳定和衰退的过程，而数值模拟中仅将火源设定为 t 平方火，没有衰退过程，所以烟气层温度一直受火源产生的上升热气流影响而保持在较高水平。

（3）热烟实验过程特性实验结果与数值模拟结果具有较好的一致性。

6.2　某报社大楼中庭排烟特性的数值模拟

6.2.1　火灾场景设计

4.1 节对某报社大楼进行热烟测试实验研究后，发现排烟风机开启后可以有效地防止烟气层的下降，排烟能力符合设计要求，但同时发现实验对象在消防施工中存在问题，即有烟气泄漏现象发生，且排烟口的面积过小。本数值模拟研究的目的是通过设置不同的火灾场景，改变排烟系统的参数，对建筑的排烟能力进行评估，以得到排烟系统的优化方案[154~157]。

本研究采用 FDS 软件对研究对象进行了数值模拟，中庭模型计算时分为 4 个区域，在综合考虑效率与保证满足工程计算精度的前提下，设定网格尺寸为 0.5m×0.5m×0.5m，网格总数约为 70000 个。

模拟计算时，火源位置和现场实验时的烟气释放口位置一致，即在中庭两柱连线的中点。考虑到人的平均身高不超过 2m，选择人员安全的判定指标如下：距离地面 2m 以下空间内火灾烟气的温度不超过 60℃，能见度不低于 10m。在模拟中，选择 $H = 2m$、$H = 5.5m$、$H = 9m$ 三个平面的温度与能见度作为人员安全判定的依据。

数值模拟分为三种火灾场景，排烟风机的功率均为 8.3m³/s，其中场景 A 模拟现场热烟测试实验，场景 B 模拟稳定火，场景 C 模拟 t 平方火，三种火灾场景参数如表 6.1 所示。

表6.1　三种火灾场景参数

火灾场景	火源功率	排烟风机开启时间
A	3MW 的稳定火源（560s 时热释放速率衰减至 0）	370s
B	1MW 的稳定火源	370s
C	2MW 的 t 平方火	370s

6.2.2　模拟分析

1. 火灾场景 A

零时刻发烟开始，此后发烟量稳定，371s 开启排烟风机并持续运行到实验结束，562s 发烟机停止发烟，设定火源为 3MW 的稳定火源，在 560s 时火源热释放速率衰减至 0。

中庭烟气在不同时刻的蔓延如图 6.4 所示。

火灾发生 370s 时 $H = 9m$ 平面的能见度如图 6.5 所示。由图可知，370s 时风机尚未启动，烟气浓度很高，能见度最差，中庭大部分区域的能见度约为 16m。由于在模拟中设定挡烟垂壁具有可漏气的细缝，因此烟气泄漏到中庭四周的走廊，此处的能见度约为 20m。由于烟气层自顶棚向下缓慢下降，所以 $H = 9m$ 平面的能见度具有更高的参考价值，可知能见度基本满足人员安全疏散要求。

mesh：1

Frame：411
Time：369.9

(a) $t = 370$s

mesh：1

Frame：666
Time：599.4

(b) $t = 600$s

图 6.4　中庭烟气在不同时刻的蔓延

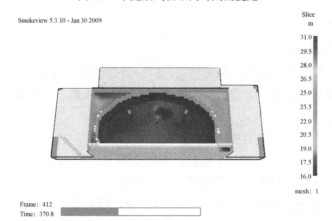

Frame：412
Time：370.8

图 6.5　火灾发生 370s 时 $H = 9$m 平面的能见度

不同时刻的温度分布云图如图 6.6 至图 6.12 所示。由图可知，除中心热烟羽流的顶棚区的温度达到 70℃外，其他区域的温度均未超过 60℃，对人员的安全未构成威胁。火源热释放速率衰减后，排烟风机继续工作，中庭 $H=5.5m$ 平面的温度下降。

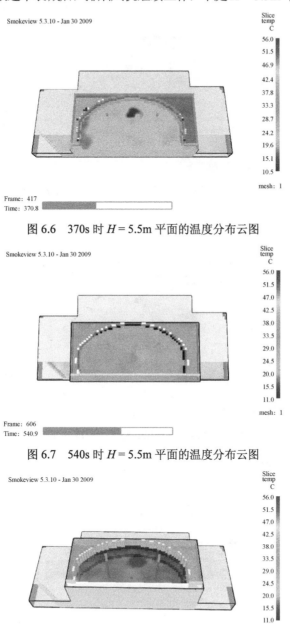

图 6.6　370s 时 $H=5.5m$ 平面的温度分布云图

图 6.7　540s 时 $H=5.5m$ 平面的温度分布云图

图 6.8　370s 时 $H=9m$ 平面的温度分布云图

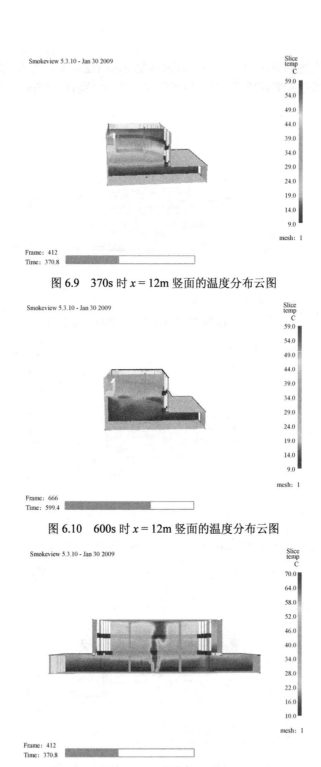

Frame: 412
Time: 370.8

图 6.9　370s 时 x = 12m 竖面的温度分布云图

Frame: 666
Time: 599.4

图 6.10　600s 时 x = 12m 竖面的温度分布云图

Frame: 412
Time: 370.8

图 6.11　370s 时 y = 12m 竖面的温度分布云图

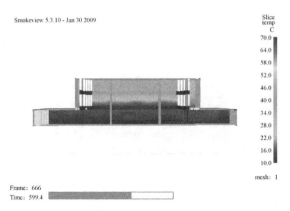

图 6.12　600s 时 $y=12m$ 竖面的温度分布云图

烟气层高度随时间的变化情况如图 6.13 所示。由图可知，烟气层在 0～200s 迅速下降，370s 排烟风机启动，烟气层维持在 3m 高度附近，直到 560s 火源热释放速率衰减至 0，烟气层迅速上升。数值模拟得到的烟气层高度变化规律与热烟实验的结果基本相似。

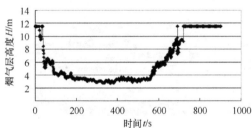

图 6.13　烟气层高度随时间变化的情况

2．火灾场景 B

火灾场景 B 设定火源为稳定火源，火源热释放速率为 $1MW/m^2$，排烟风机在 370s 时开启，其他参数同火灾场景 A。

数值模拟计算得到的烟气发展云图如图 6.14 和图 6.15 所示。

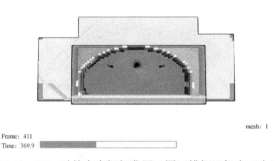

图 6.14　370s 时的中庭烟气发展云图（排烟风机未开启）

Smokeview 5.3.10 - Jan 30 2009

mesh: 1

Frame: 666
Time: 599.4

图 6.15　600s 时的中庭烟气发展云图（排烟风机已开启 200s）

数值模拟计算得到的烟气温度分布云图如图 6.16 至图 6.20 所示。

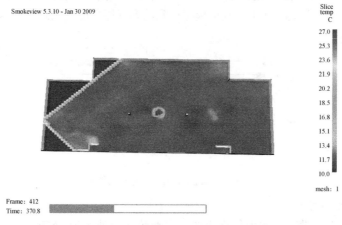

Smokeview 5.3.10 - Jan 30 2009

Slice
temp
C

27.0
25.3
23.6
21.9
20.2
18.5
16.8
15.1
13.4
11.7
10.0

mesh: 1

Frame: 412
Time: 370.8

图 6.16　370s 时中庭 $H=2m$ 平面的烟气温度分布云图

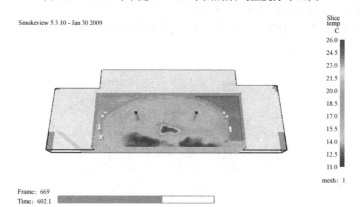

Smokeview 5.3.10 - Jan 30 2009

Slice
temp
C

26.0
24.5
23.0
21.5
20.0
18.5
17.0
15.5
14.0
12.5
11.0

mesh: 1

Frame: 669
Time: 602.1

图 6.17　600s 时中庭 $H=5.5m$ 平面的烟气温度分布云图

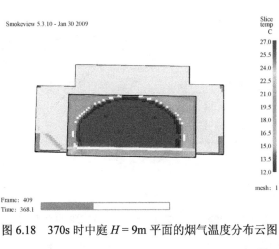

图 6.18　370s 时中庭 $H = 9m$ 平面的烟气温度分布云图

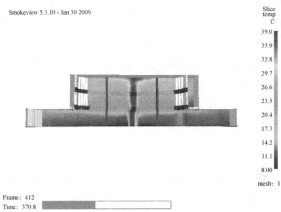

图 6.19　370s 时 $y = 12m$ 竖面的烟气温度分布云图

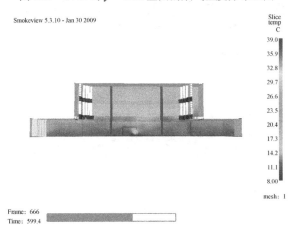

图 6.20　600s 时 $y = 12m$ 竖面的烟气温度分布云图

数值模拟计算得到的 365s 时中庭 $H = 9m$ 平面的能见度分布云图如图 6.21 所示。

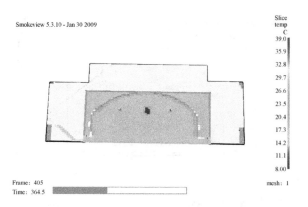

Smokeview 5.3.10 - Jan 30 2009

Slice
temp
C
39.0
35.9
32.8
29.7
26.6
23.5
20.4
17.3
14.2
11.1
8.00

Frame: 405
Time: 364.5

mesh: 1

图 6.21　365s 时中庭 $H=9$m 平面的能见度分布云图

根据图 6.14 至图 6.21 中烟气、温度、能见度的计算结果，可以得到如下结论：

（1）排烟风机开启后，烟气的浓度降低，烟气层的温度下降，各监测平面内的温度均不超过 40℃，满足人员安全要求。

（2）中庭内的高度越高，温度越高，原因是烟气先到达顶部，然后向四周扩散，形成烟气层后缓慢下降，排烟风机开启后，烟气层缓慢上升。

（3）中庭的能见度基本无变化，维持在 30m 左右，可见该功率的排烟风机基本能保证本火灾场景下的人员安全要求。

3. 火灾场景 C

火灾场景 C 的火源设定为 t 平方火，火源热释放速率为 $2MW/m^2$，本建筑的使用部门为某报社，纸质纤维较多，因此设定火灾为中速火，火灾增长系数 α 为 $0.04689kW/s^2$。

数值模拟计算得到的烟气发展云图、温度分布云图、能见度分布云图等如图 6.22 至图 6.29 所示。

Smokeview 5.3.10 - Jan 30 2009

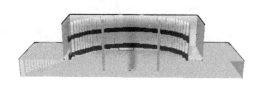

mesh: 1

Frame：411
Time：369.9

图 6.22　370s 时的中庭烟气发展云图（排烟风机未开启）

Frame: 663
Time: 596.7

mesh: 1

图 6.23　600s 时的中庭烟气发展云图（排烟风机已开启 200s）

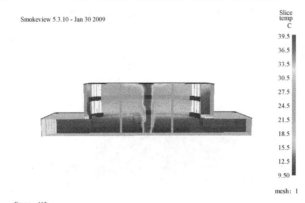

Slice
temp
C

39.5
36.5
33.5
30.5
27.5
24.5
21.5
18.5
15.5
12.5
9.50

mesh: 1

Frame: 412
Time: 370.9

图 6.24　370s 时 $y = 12$m 竖面的温度分布云图

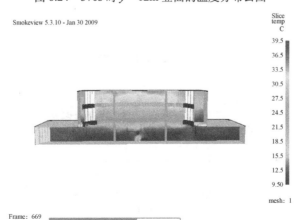

Slice
temp
C

39.5
36.5
33.5
30.5
27.5
24.5
21.5
18.5
15.5
12.5
9.50

mesh: 1

Frame: 669
Time: 602.1

图 6.25　600s 时 $y = 12$m 竖面的温度分布云图

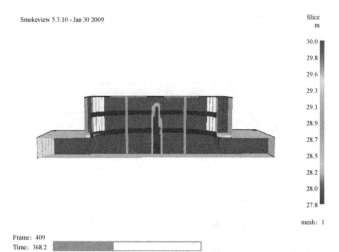

图 6.26　300s 时 y = 12m 竖面的能见度分布云图

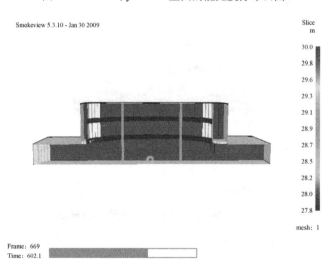

图 6.27　600s 时 y = 12m 竖面的能见度分布云图

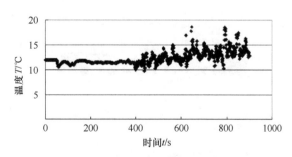

图 6.28　火源附近 2.8m 高度监测点的温度

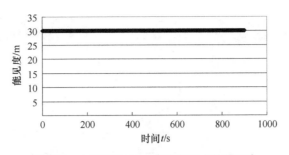

图 6.29 火源附近 2.8m 高度监测点的能见度

根据图 6.22 至图 6.29 中烟气发展、温度、能见度的计算结果，可得如下结论：

（1）排烟风机开启前，烟气的浓度逐渐增大。

（2）温度基本不超过 40℃。

（3）中庭除火焰羽流区外，其他区域的能见度均在 30m 以上，能够保证疏散安全。

6.3 某地下商场中庭排烟特性的数值模拟

6.3.1 火灾场景设计

4.2 节对某地下商场中庭进行了热烟实验，实验发现其排烟能力未达到设计要求，并且消防施工中存在问题，导致有烟气泄漏现象的发生。本数值模拟研究的目的是通过设置不同的火灾场景，改变排烟系统的参数，对建筑的排烟能力进行评估，以得到排烟系统的优化方案[158~162]。

火灾实验前，现场已将地下中庭防火分区的防火卷帘放下，与四周隔离，故在进行数值模拟研究时，只考虑该防火分区以内的情况。

实验对象长 20m、宽 20m、高 10m，分地下二层和地下一层，地下二层高 3.6m，地下一层高 6.4m。几何模型设定网络尺寸为 0.25m×0.25m×0.27m，总网格数为 80×80×40 = 25600 个。

几何模型的俯视图如图 6.30 所示，其中左上方的深色线框部分为安全疏散出口，深色箭头方向为疏散方向。几何模型的侧视图如图 6.31 所示，其中右上角灰色矩形为排烟系统的进烟口。

楼梯与火源位置的几何模型如图 6.32 所示，其中火源位置与热烟实验中的相同。楼梯简化为斜面，深色平面为火源，深色点为监控点，楼梯下方入口处的深色点为能见度监测点。楼梯上方出口旁的一系列竖直的深色点为温度监测点，从 4.5m 至 8m 高度开始，竖直方向每隔 0.5m 分布一个监测点，对应于热烟实验中的热电偶。

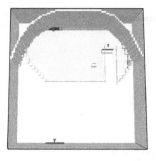 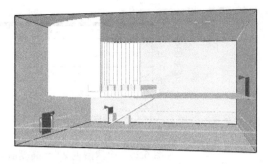

图 6.30　几何模型的俯视图　　　　　图 6.31　几何模型的侧视图

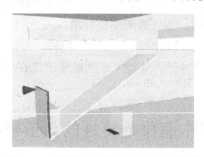

图 6.32　楼梯与火源位置的几何模型

　　数值模拟的初始条件如下：环境温度为 21℃，相对湿度为 26%，气压为 101000Pa，（地下二层地面到地下一层天花板的）高度为 11m；地面材料绝热，墙壁及天花板材料为混凝土，厚度为 0.2m，密度为 $2.1×10^3kg/m^3$，比热容为 0.88kJ/(kg·K)，热导率为 0.1W/(m·K)，发射率为 0.9；火源为 t 平方极快速火，火源的热释放速率为 417kW/m²，熄灭时间为 726s；排烟风机排烟速率为 4.6m³/s，排风口尺寸为 1m×1.5m，启动时间为起火后 70s；疏散出口设为开放口，与外部环境相通。

6.3.2　模拟分析

　　火源热释放速率随时间变化的曲线如图 6.33 所示。

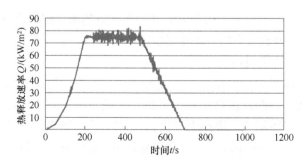

图 6.33　火源热释放速率随时间变化的曲线

在本次模拟计算中，设定排烟系统于起火后 70s 启动，火源于 726s 熄灭，计算得到的不同时刻的烟气蔓延情况如图 6.34 所示。

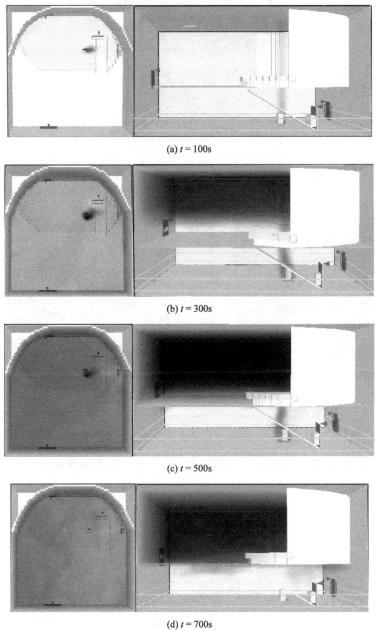

(a) $t = 100$s

(b) $t = 300$s

(c) $t = 500$s

(d) $t = 700$s

图 6.34　不同时刻的烟气蔓延情况

$H = 5.2$m 平面上不同时刻的温度分布云图如图 6.35 所示。

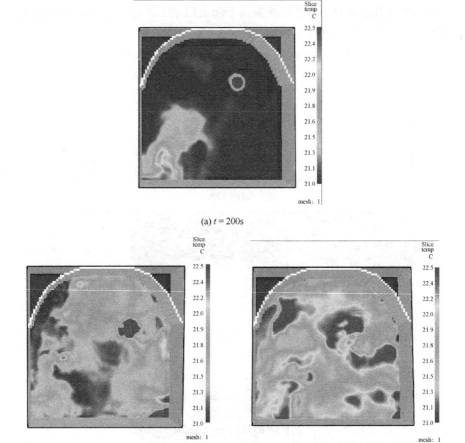

(a) $t = 200s$

(b) $t = 400s$ (c) $t = 600s$

图 6.35 $H = 5.2m$ 平面上不同时刻的温度分布云图

8 个监测点（4.5～8m 高度）的温度变化曲线如图 6.36 所示。

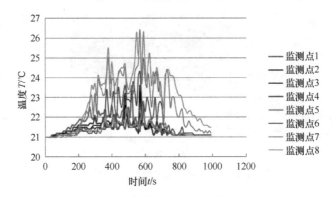

图 6.36   8 个监测点的温度变化曲线

不同时刻 $H = 5.2m$ 平面的能见度分布云图如图 6.37 所示。

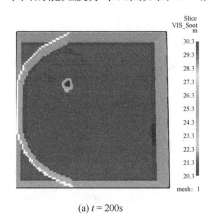

(a) $t = 200s$

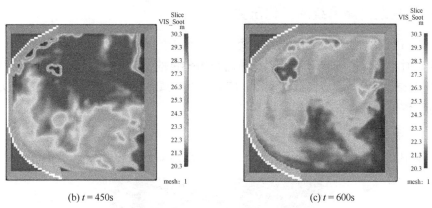

(b) $t = 450s$ (c) $t = 600s$

图 6.37　不同时刻 $H = 5.2m$ 平面的能见度分布云图

地下一层安全出口附近的能见度变化曲线如图 6.38 所示。

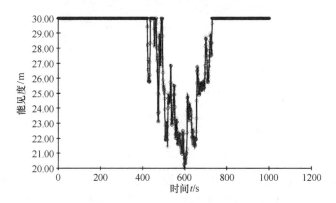

图 6.38　地下一层安全出口附近的能见度变化曲线

烟气层高度变化的模拟曲线如图 6.39 所示，与热烟实验的结果较为一致。

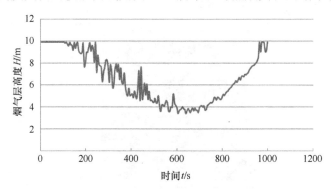

图 6.39　烟气层高度变化的模拟曲线

6.3.3　建筑排烟系统的优化研究

本研究对象的热烟实验结果表明，消防系统的排烟能力未达到设计要求，发生火灾时不能保证安全疏散，因此考虑对该建筑的排烟系统进行优化。初步考虑增加自然排烟口、增加机械排烟口、增大排烟补风量三种方案。下面使用 FDS 软件进行数值模拟计算，分别验证其效果。

1．增加自然排烟口

本中庭顶部有 4 个采光天井，其位置示意图如图 6.40 所示，尺寸为 1m×1m。

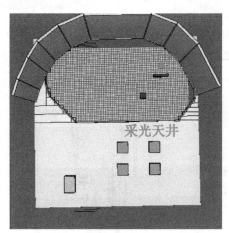

图 6.40　采光天井位置示意图

将采光天井设定为自然排烟口，并设定自然排烟口在火灾发生 70s 时启动，计算得到火灾发生后不同时刻的烟气蔓延情况如图 6.41 所示。由图可知，增加自然排烟口后，与原方案相比，排烟能力有了较明显的增强。

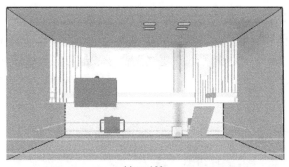

(a) $t = 100\text{s}$

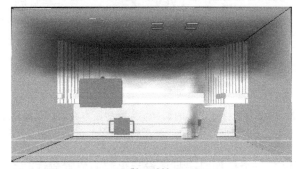

(b) $t = 300\text{s}$

(c) $t = 500\text{s}$

(d) $t = 700\text{s}$

图 6.41　火灾发生后不同时刻的烟气蔓延情况

增加自然排烟口后的烟气层高度与原方案的烟气层高度变化如图 6.42 所示。由图可知，开启自然排烟口后，烟气层在 400s 后不再下降，基本保持在 6m 以上，比原方案提高了 2m 多，达到了烟气层高度高于 5m 的安全目标，同时烟气排空时间缩短了约 150s。

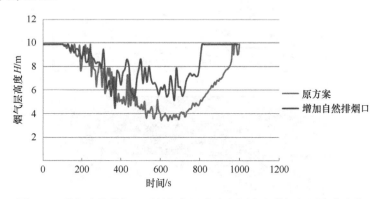

图 6.42　增加自然排烟口后的烟气层高度与原方案的烟气层高度变化

2．增加机械排烟口

本地下中庭仅有一个排烟口，且离设计火源的位置较远，不利于排烟。下面考虑在保持总排烟量不变的情况下，将一个排烟口变为两个，将单个排烟风机的排烟量由 4.6m³/s 变为 2.3m³/s，通过数值模拟计算来检验是否可以满足设计要求。机械排烟口位置示意图如图 6.43 所示。

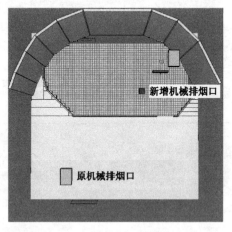

图 6.43　机械排烟口位置示意图

增加机械排烟口后的烟气层高度与原方案的烟气层高度变化对比如图 6.44 所示。由图可知，原方案烟气层的最低高度约为 3m，增加机械排烟口后烟气层的最低高度约为 3.5m，提高了约 0.5m；烟气排空时间缩短了约 30s，总体效果并不明显，可知在不增加总排烟量而只增加排烟口的情况下，对提高消防系统的排烟能力的效果并不明显。

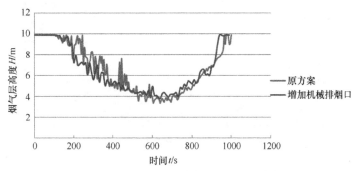

图 6.44　增加机械排烟口后的烟气层高度与原方案的烟气层高度变化对比

增加机械排烟口后的某逃生监测点的能见度与原方案的能见度对比如图 6.45 所示。由图可知，增加机械排烟口后，最低能见度从原方案的 20m 提高到 25m，视线受影响的时间从 380s 缩短到 120s，对于安全疏散所起的效果较为明显。

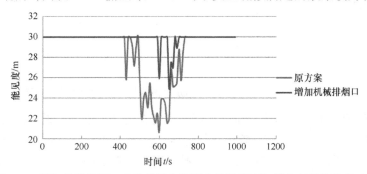

图 6.45　增加机械排烟口后的某逃生监测点的能见度与原方案的能见度对比

3. 增大排烟补风量

机械排烟中补风量不足容易造成负压，使烟气不易排出，烟气层高度降低。对地下建筑来说，这更为明显。现考虑增大排烟补风量以提高建筑的排烟能力。

根据 NFPA 92B 中的规定，大空间建筑的补风气流速率不宜超过 1.107m/s，因为较大的补风量会导致火焰歪斜，引起蔓延，扰乱热烟羽流上升并形成助燃。我国相关规范规定地下建筑的补风量为排烟量的 50%。

设计在地下二层离地面 2m 高度的位置增加 4 个补风口，补风口的尺寸为 1m×1.5m，如图 6.46 所示。总补风量为排烟量的 50%，单个补风口的补风量为 0.57m³/s。

增大排烟补风量后的烟气层高度与原方案的烟气层高度对比如图 6.47 所示。由图可知，增大补风量后，烟气层下降的速度有所减慢，烟气层高度比原方案提高了约 1m，基本保持在 5m 以上。结果证明，增大排烟补风量有利于减缓烟气层下降。

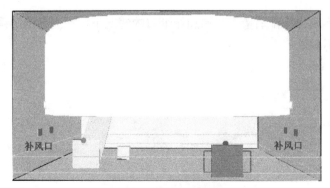

图 6.46 增加的补风口位置示意图

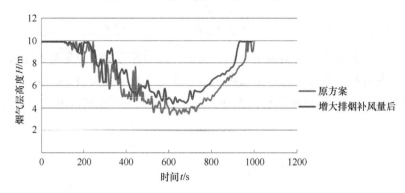

图 6.47 增大排烟补风量后的烟气层高度与原方案的烟气层高度对比

针对研究对象在热烟实验中排烟能力不符合安全要求的结果，提出了增加自然排烟口、增加机械排烟口、增大排烟补风量三种改进建议，数值模拟计算表明：在增加自然排烟口、增大排烟补风量两种方案中，烟气层高度保持在 5m 以上，符合安全要求；增加机械排烟口后，烟气层仍然下降到 5m 以下，不满足安全要求。增加自然排烟口的方式性价比最高，但可能会受客观条件的限制，如风向、安全因素等。

6.4 本章小结

对第 3 章中实验室环境热烟特性实验、第 4 章中某报社大楼热烟实验和某地下商场中庭热烟实验分别进行了数值模拟，与热烟实验的结果比较表明，数值模拟结果与热烟实验的结果具有较好的一致性。对某地下商场的排烟系统提出了优化建议，通过对不同场景下排烟系统特性的数值模拟，评估了改进方案的可行性，部分方案可以比较有效地改进消防系统的排烟能力，表明对排烟能力不符合消防安全要求的建筑，使用数值模拟方法可以较为方便、有效地得到改进的排烟方案。

第 7 章 建筑排烟系统特性实际案例的数值模拟研究

7.1 某高层建筑楼梯间排烟特性的数值模拟

7.1.1 火灾场景设计

在高层建筑火灾事故中，楼梯间几乎是人员疏散的唯一通道，楼梯间的内部环境对建筑内人员的安全疏散具有重要意义。众多高层建筑火灾事故表明，楼梯间拥挤会导致遇险人员在疏散过程中长时间滞留在楼梯间内，因此最大限度地保证楼梯间不受烟气侵扰就显得非常重要。为了保证高层建筑楼梯间的安全性，设计者经常采用加压或其他方法阻止烟气进入楼梯间。但在夏热冬冷的地区，经常出现超过 30℃ 的室内外温差，这会引起较明显的烟囱效应，高层建筑因为烟囱效应在建筑高度上形成了线性变化的余压，使得楼梯间加压系统很难设计。另外，只有楼梯间门常闭以维持必需的压力差从而有效阻止烟气进入楼梯间时，楼梯间加压系统的效果才能保证。人员撤离期间，楼梯门的开启在楼梯间形成开口，会影响加压系统的性能[163~168]。

包括加压系统在内的通风方案同时包含了送风和回风（即循环通风），这种方案有利于保证清新空气进入楼梯间，并且可以消除楼梯间内可能出现的烟气。通过优化楼梯间送风和回风的位置及送风量，可以提供一个高换气率的楼梯间保护系统。此系统为楼梯间提供了适中的余压，同时有利于在火灾发生时消除楼梯间内的烟气，适用于超高层建筑中的连续楼梯间[169]。

研究对象是位于夏热冬冷地区的一栋 30 层建筑的楼梯间，每层楼梯间的旁边连接 100m² 的室内区域。每层楼梯间的尺寸为 6m×3m×3m，总高为 30×3 = 90m，除连接使用空间的开口外，楼梯间的四周封闭。研究对象的部分几何模型如图 7.1 所示。

设定火灾发生在第 5 层，火灾规模为 5MW，室内温度为 18℃，室外温度为 −8℃。楼梯门的面积为 2.4m²，关闭时每扇门的漏气面积为 0.02m²，部分开启时的漏气面积为 0.4m²。保守考虑最危险的情况，第 5 层的楼梯间的门设定为打开状态。使用 FDS 对自然通风、加压送风、循环通风三种方案进行了对比模拟计算。

（1）自然通风。《高层民用建筑设计防火规范》规定靠外墙的防烟楼梯间每五层可开启外窗总面积之和不应小于 2.00m²。模拟时开设了规格为 1m×0.6m 的外窗，外窗直接通往大气。

（2）加压送风。配备楼梯间加压系统，该系统通过 9 个送风口送风，每个风机的送风量为 $1m^3/s$，9 个送风口的送风总量为 $32400m^3/h$，风机压力为 500Pa。

（3）循环通风。在空气送入楼梯间的同时，有等量的空气排出楼梯间。

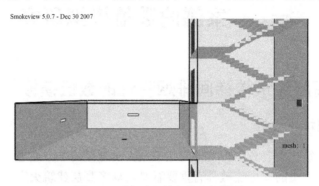

图 7.1　研究对象的部分几何模型

7.1.2　模拟分析

在楼梯门全部关闭（即每扇门的漏气面积为 $0.02m^2$）的情况下，火灾发生 8min 时自然通风、加压送风、循环通风三种方案的能见度计算结果如图 7.2 所示[170, 171]。

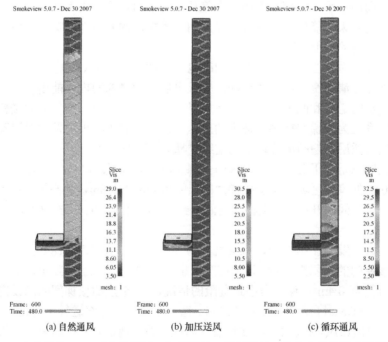

图 7.2　火灾发生 8min 时自然通风、加压送风、循环通风三种方案的能见度计算结果

在楼梯门部分开启（即每扇门的漏气面积为 0.4m² ）的情况下，火灾发生 8min 时自然通风、加压送风、循环通风三种方案的能见度计算结果如图 7.3 所示。

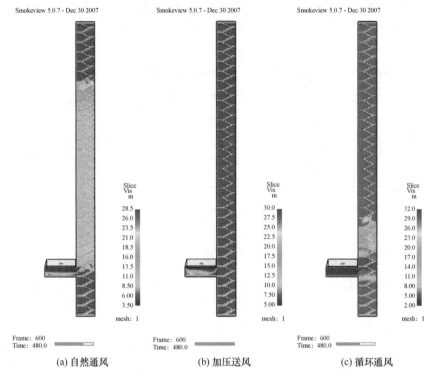

(a) 自然通风　　　　　　(b) 加压送风　　　　　　(c) 循环通风

图 7.3　火灾发生 8min 时自然通风、加压送风、循环通风三种方案的能见度计算结果

根据图 7.2、图 7.3 的计算结果，可以得到如下结论：

（1）在自然通风方案中，由于热压和烟囱效应的作用，烟气迅速在楼梯间上升，8min 时基本充满楼梯间。

（2）在加压送风方案中，加压系统形成的余压使烟气无法进入楼梯间，防烟效果最好。

（3）在循环通风方案中，系统允许少量烟气在负余压引起的烟囱效应的作用下进入楼梯间，相比自然通风，改善了楼梯间的疏散环境，在楼梯门部分开启的情况下，一方面加剧了烟囱效应引起的流动，加快了烟气的上升，另一方面允许烟气进入相邻的室内区域，减少了楼梯间的烟气量，二者的防烟效果基本上正负相抵，所以图中的能见度没有大的变化。

不同方案下随楼梯间高度变化的能见度如图 7.4 所示。

根据《SFPE 消防工程手册》的推荐要求，对建筑不熟悉的人群，能见度应达到 13m，对建筑熟悉的人群，能见度应达到 5m。火灾发生在第 5 层，由图 7.4 可知，自然通风系统的能见度在第5层最小，从第6层到第23层附近，能见度保持在10m左右，低于13m的标准；加压系统无法使烟气进入楼梯间，能见度一直保持在30m，效果相对最好；循环通风系统的最小能见度出现在第6层，除第5、6、7层不符合要求外，其余27层的能见度均保持在13m以上。

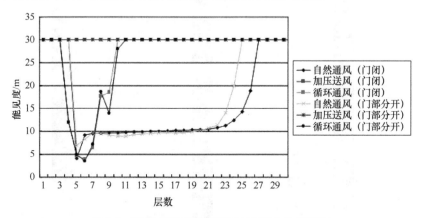

图7.4 不同方案下随楼梯间高度变化的能见度

在所有楼梯门均关闭，即漏气面积为0.02m²的情况下，火灾发生2min时的不同通风方案下的余压分布如图7.5所示。由图7.5可以看出，在无通风措施方案下，封闭楼梯间（无外窗）明显出现了由于室内外温度差产生的烟囱效应，烟囱效应使最下四层出现了负余压，如果火灾发生在最下四层，烟气将会迅速蔓延到楼梯间内，余压从最下面的−12Pa上升到上面的70Pa以上，所以加压送风很可能会使建筑上部出现余压过大而影响开门逃生的情况；在自然通风（开外窗）方案下，由于外窗起到的自然对流作用，压力分布较均匀，最大余压低于10Pa，结果较为理想；加压送风使底层的余压刚好为0，但最上层的余压达到了120Pa，如果提高底层余压使其符合要求，则最上层产生的过高余压将使门不能打开，影响人员的逃生；循环通风系统也出现了负余压，但楼梯间高度上的余压分布较均匀，最高余压不超过30Pa，比较理想。

在所有楼梯门部分开启，即漏气面积为0.4m²的情况下，火灾发生2min时不同通风方案下的余压分布如图7.6所示。由图7.6可以看出，相比所有楼梯门全部关闭的情况，楼梯间高度上的余压都有一些下降，但加压送风方案中高层楼梯门的压力仍然较高，不利于人员疏散。

根据图7.5、图7.6的计算结果，可以得到4种通风方案下能见度和余压的效果，如表7.1所示。根据表7.1可得到如下结论：

（1）在自然通风、加压送风和循环通风三种方案中，在楼梯间的能见度和余压指标方面，循环通风较其他方案具有较明显的优越性。

（2）循环通风方案应该做进一步的优化，以便提高能见度指标，具体可采用更合适的循环通风量实现。

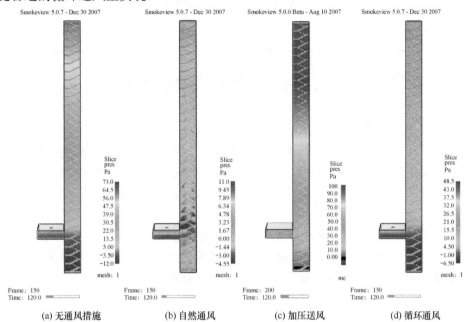

图 7.5　火灾发生 2min 时不同通风方案下的余压分布（楼梯门关闭）

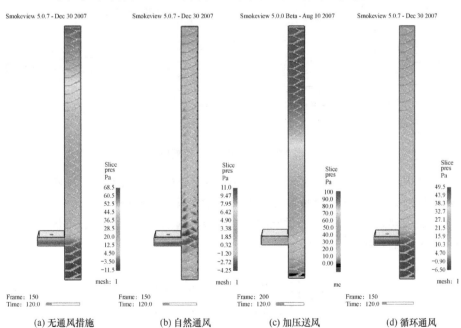

图 7.6　火灾发生 2min 时不同通风方案下的余压分布（楼梯门开启）

表 7.1　4 种通风方案下能见度和余压的效果

指　标	无通风措施效果	自然通风方案效果	加压送风方案效果	循环通风方案效果
能见度	差	差	好	较好
余压	好	好	差	好

7.2　某学生食堂火灾安全评价的数值模拟

7.2.1　火灾场景设计

餐厅作为人员密集场所，人员流动性大，一些大型餐厅为了营造好的就餐氛围，大量采用可燃装修材料，加上餐厅内部火源较多，如大功率照明灯具、厨房的电器设备及灶台等，一旦发生火灾，容易造成人员伤亡事故，因此有必要开展有效的安全评估[172]。

本研究对象为某大学城商业中心的较大型餐厅。该餐厅的建筑面积约为620m^2，有一中庭，安全出口为最右侧并排紧靠的两扇门，宽度均为 1.8m，中庭顶部设有排烟系统，排烟量最大为 3m^3/s。研究对象的几何模型如图 7.7 所示。

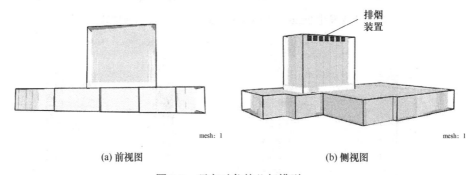

Smokeview 5.5.6 - Jun 22 2010　　　　　　　　　　　Smokeview 5.5.6 - Jun 22 2010

排烟
装置

mesh: 1　　　　　　　　　　　　　　　　mesh: 1

(a) 前视图　　　　　　　　　　　　　(b) 侧视图

图 7.7　研究对象的几何模型

餐厅内可能存在的可燃危险品包括餐桌、座椅等，依据《建筑内部装修设计防火规范》，其火灾增长系数可以由式（7.1）计算，其中火灾增长系数的计算综合考虑了建筑内可燃物火灾增长系数（α_f）、墙面内装饰材料的燃烧火灾增长系数（α_m）的作用[173]：

$$\alpha = \alpha_f + \alpha_m$$

$$\alpha_f = \begin{cases} 0.0125, & q_l < 170 \\ 2.6 \times 10^{-6} \times q_l^{5/3}, & q_l > 170 \end{cases} \tag{7.1}$$

式中，α 为火灾增长系数，单位为 kW/s^2；α_f 为建筑内可燃物火灾增长系数，单位为 kW/s^2；α_m 为墙面内装饰材料的燃烧火灾增长系数，单位为 kW/s^2；q_l 为建筑内可移动火灾荷载密度，单位为 MJ/m^2。

参照国内外现有的火灾荷载统计数据，并考虑 1.5 倍的安全系数，餐厅的可移动火灾荷载密度为 $q_l = 240 \times 1.5 = 360$MJ/m^2。

α_m 由墙面内装饰材料的可燃等级确定，根据 α_m 与装饰材料燃烧性能的关系，可确定不同场所的 α_m 值，如表 7.2 所示[174]。

表 7.2　墙面内装饰材料的燃烧火灾增长系数

墙面内装饰材料	α_m/(kW/s^2)
不燃性材料	0.0035
缓慢燃烧材料	0.056
木材或类似材料	0.35

根据式（7.1）可以计算出餐厅发生火灾时的火灾增长系数：

$$\alpha = 2.6 \times 10^{-6} \times 360^{5/3} + 0.0035 = 0.050 \text{kW/s}^2$$

餐厅发生火灾后，火灾热释放速率的发展规律可用 t 平方火表示。在自动喷水灭火系统失效时，考虑到消防队员在接警后 5min 到达火场，当火势受到灭火系统或消防队员有效控制后，火灾热释放速率将在一段时间内维持在一个最大值。因此，餐厅内的最大火灾热释放速率为 $Q = \alpha t^2 = 0.05t^2 = 0.05 \times 300^2 = 4500 \text{kW/m}^2$，即 4.5MW/m^2。

本研究采用 FDS 软件进行数值模拟计算，模拟时间为 900s。模拟计算的初始条件如下：餐厅室内的温度为 20℃；无外部风，通风气流与烟气均视为理想气体；火灾发生时各安全出口打开，并在排烟时保持开启状态，作为进风口；火灾发生 40s 后，排烟风机开启，并于 60s 时达到最大。本模拟设定了 5 个不同的火源位置，以检验现有消防措施能否满足人员安全疏散的要求。火源位置如图 7.8 所示。

Smokeview 5.5.6 - Jun 22 2010

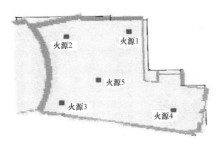

mesh: 1

图 7.8　火源位置

7.2.2 模拟分析

模拟的重点是监测能见度和烟气温度，在火源附近布置 x、y、z 三个方向的监测面，以监测各个面上的温度和能见度变化。同时在疏散的重点区域安全出口附近布置监测点，监测离地板高度 2m 位置的温度和能见度变化。不同火灾场景下 $h = 2$m 处的温度与能见度分布云图如图 7.9 至图 7.13 所示。

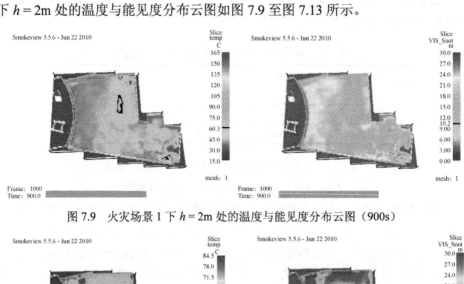

图 7.9　火灾场景 1 下 $h = 2$m 处的温度与能见度分布云图（900s）

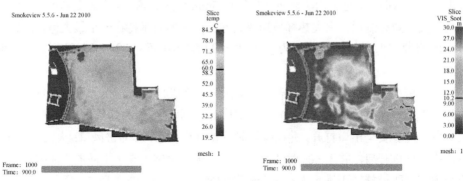

图 7.10　火灾场景 2 下 $h = 2$m 处的温度与能见度分布云图（900s）

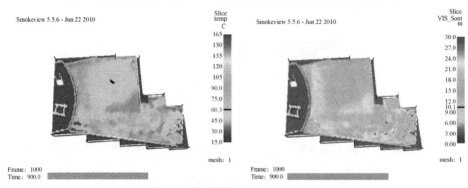

图 7.11　火灾场景 3 下 $h = 2$m 处的温度与能见度分布云图（900s）

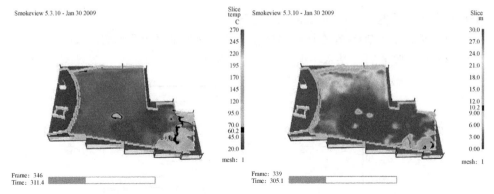

图 7.12　火灾场景 4 下 *h* = 2m 处的温度与能见度分布云图（300s）

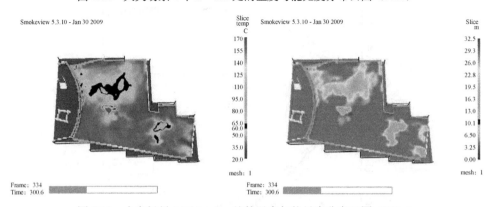

图 7.13　火灾场景 5 下 *h* = 2m 处的温度与能见度分布云图（300s）

根据图 7.9 至图 7.13 的计算结果，可以得到如下结论：

（1）在火灾场景 1～3 下，火源位置位于餐厅角落时，烟气能较好地由排烟风机排出，在火灾发生 900s 内，餐厅基本维持安全状态，环境温度没有超过人体耐受范围，人员能够安全疏散。

（2）火灾场景 4 在 300s 左右时，餐厅内部（*h* = 2m）的部分区域的温度高于人体耐受值 60℃，少数区域的能见度不足 10m。由于火源位置比较靠近安全出口，使得火源附近的部分区域的温度高于 60℃，人员在发生火灾疏散时容易恐慌，可能在此处导致拥挤，造成程度不同的人员伤亡。

（3）火灾场景 5 在 300s 左右时，餐厅最里面即疏散距离最远处及图中右下方的疏散必经之处，温度超过 60℃，对餐厅的人员疏散造成很大困难，可能造成人员伤亡。

不同火灾场景下监测点的温度与能见度数据的拟合曲线如图 7.14 所示。

根据图 7.14 的计算结果，可以得到如下结论：

（1）在不同的火灾场景下，位于安全出口处的监测点温度的拟合曲线基本都在

700s 左右达到峰值，此后温度呈下降趋势。

（2）能见度在 700s 左右达到最低值，此后能见度呈上升趋势。

（3）最危险的时间基本在火灾发生后 900s 以内。

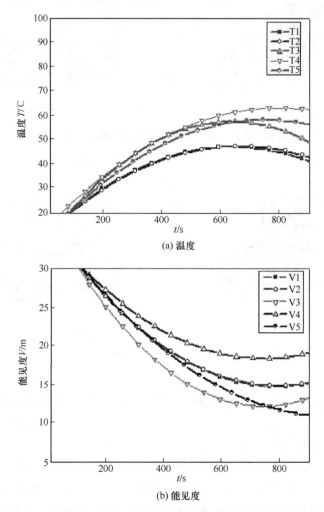

(a) 温度

(b) 能见度

图 7.14　不同火灾场景下监测点的温度与能见度数据的拟合曲线

在火灾场景 1～3 下，火源位置都在墙角，属于角型热烟羽流。火灾场景 4～5 是轴对称型热烟羽流，其发烟量远大于角型热烟羽流的发烟量，此时机械排烟量无法满足安全疏散要求。

数值模拟结果汇总如表 7.3 所示。由表 7.3 可知，火灾场景 5 下危险来临的时间最早，260s 时 2m 安全高度处的温度超过 60℃，是五种火灾场景下最危险的。

表 7.3　数值模拟结果汇总

火灾场景	2m 高度处温度上升到 60℃的时间/s	2m 高度处能见度下降到 10m 的时间/s	可用疏散时间/s
1	*	*	900
2	*	*	900
3	*	*	900
4	295	*	295
5	260	*	260

注：*表示在模拟时间内，始终未达到影响人员安全疏散的状态。

在火灾人员安全疏散中，比较可用疏散时间 T_{ASET} 和必需疏散时间 T_{RSET}，可判定人员在建筑内能否安全疏散，并为建筑疏散设施设计提供依据。安全疏散的判定标准为，可用疏散时间 T_{ASET} 不小于必需疏散时间 T_{RSET}，即 $T_{ASET} \geq T_{RSET}$。

《SFPE 消防工程手册》中的必需疏散时间 T_{RSET} 可按下式计算[12]：

$$T_{RSET} = T_A + T_R + T_M \tag{7.2}$$

式中，T_A 为报警时间，单位为 s；T_R 为人员响应时间，单位为 s；T_M 为人员走出安全出口的时间，单位为 s。

本研究保守地将报警时间 T_A 和人员响应时间 T_R 都设为 60s。

T_M 采用日本避难安全检证法提供的经验公式进行计算，由步行时间（从最远疏散点至安全出口步行所需的时间）和出口排队时间（计算区域人员全部从出口通过所需的时间）组成，可由下式计算：

$$\begin{aligned} T_1 &= L / v \\ T_2 &= \sum pA / \sum NB \\ T_M &= T_1 + T_2 \end{aligned} \tag{7.3}$$

式中，T_1 为步行时间，单位为 s；T_2 为出口排队时间，单位为 s；L 为步行的最大距离，单位为 m；v 为步行速度，单位为 m/s；p 为人员密度，单位为人/m²；A 为火灾区域建筑面积，单位为 m²；N 为出口有效流出系数，单位为人/(m·s)；B 为出口有效宽度，单位为 m。

《SFPE 消防工程手册》定义的不同人员密度下的人员疏散速度如表 7.4 所示。

表 7.4　人员疏散速度

项目人员密度/(人/m²)	水平疏散速度/(m/s)
< 0.54	1.2
0.54～1	1.2～1.0
1～2	1.0～0.66
2～3	0.66～0.28

《SFPE 消防工程手册》提出了有效宽度折减值。大门的折减值为 15cm，餐厅在最右侧设有 2 扇紧靠的门，因此安全出口有效宽度是 2×(1.8 − 0.15) = 3.3m。

根据现场测量，建筑内人员距疏散出口最远处为 42m，出口有效宽度为 3.3m，通行系数为 1.2 人/(m·s)，人员步行速度设为保守值 1m/s。这里将餐厅中人员的最大密度设置为 0.6 人/m²。根据式（7.2）计算得出必需疏散时间 T_{RSET} = 60 + 60 + 42 + 94 = 256s。考虑 1.5 倍的安全系数，有 T_{RSET} = 1.5×256 = 384s。

在火灾场景 1～3 下，使用了疏散时间 T_{ASET} = 900s，它远大于必需疏散时间 T_{RSET} = 384s，满足安全疏散要求；在火灾场景 4 下，T_{ASET} = 295s，在火灾场景 5 下，T_{ASET} = 260s，可见疏散时间 T_{ASET} 小于必需疏散时间 T_{RSET} 时不能满足安全疏散要求。

本研究针对某学生食堂在不同火灾场景下进行了数值模拟，得到了 5 种火灾场景下的可用疏散时间，同时利用经验公式计算了不同火灾场景下的必需疏散时间，得出如下结论：

（1）在同样的火灾功率下，不同火源位置的火灾场景有很大的不同，轴对称型热烟羽流比角型热烟羽流的发烟量大很多，导致环境的温度更高，危险来临更快，不利于人员安全疏散。

（2）机械排烟系统对火灾蔓延控制十分重要，该餐厅的排烟能力有待加强。

（3）增设一处安全出口，可避免发生类似于场景 4 和 5 下一个安全出口失效时造成疏散困难的情形。

7.3 某地下公交站火灾烟气运动的数值模拟

7.3.1 火灾场景设计

地下公交站作为交通功能建筑，具有节约土地资源、改善地面交通、解决交通零换乘、结合城市公共空间建设等诸多优势，并且已在上海、天津、深圳等十几个大中城市应用。地下建筑由于自身结构的限制，在火灾发展与烟气控制、人员疏散和消防救援等方面均较地上建筑具有更大的危险性和难度，而且地下公交站排烟困难、易发生轰燃、泄爆能力差、疏散困难、扑救难度大，火灾危险性不容忽视。本研究利用 FDS 软件对某地下公交站进行了火灾模拟，研究了烟气运动规律，分析了喷淋和排烟对烟气运动的影响，最后提出了设计建议[175~178]。

研究对象即地下公交站的耐火等级为一级，建筑类别为 I 类，总建筑面积约为 36000m²，分市政交通道路、上车区和候车区三部分。建筑内拟设火灾自动报警系统、自动喷淋系统和机械排烟系统。上车区设置 5 道高度为 2m 的挡烟垂壁，候车区有 6 个面积为 343m² 的采光天井，市政交通道路沿道路中心线设置防火墙，将地下公交站分隔成上、下对称的两个防火分区，如图 7.15 所示。每个防火分区的面积约为 18000m², 远大于现行国家标准《汽车库、修车库、停车场设计防火规范》中 4000m² 的规定[16]。

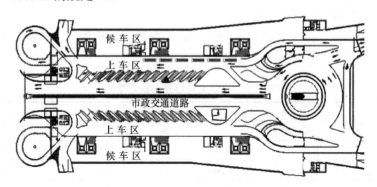

图 7.15　地下公交站的平面图

研究对象的几何模型尺寸为 164m×352m×7m。在综合考虑经济性和保证工程计算精度的前提下, 设定网格尺寸为 0.5m×0.5m×0.5m, 网格总数为 328×704×14 = 3232768 ≈ 3230000 个。地下公交站的几何模型如图 7.16 所示。

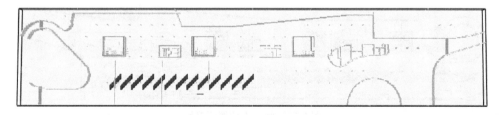

图 7.16　地下公交站的几何模型

据初步分析, 该空间火灾危险性最大的可燃物为旅客携带的物品和公交车携带的燃油。考虑到人员及公交车的流动性很大, 保守地认为候车区各点发生行李火灾的概率相等, 上车区发生公交车火灾的概率相等。从火灾的影响范围分析, 上车区某辆车发生火灾时, 产生的火灾烟气可能影响到整个区域。研究的火源设置在图 7.16 中的深色位置。

根据国内外一系列火灾燃烧实验, 公交车的热释放速率为 20～30MW/m², 研究设定公交车火灾未受到控制时的最大热释放速率为 25MW/m²。

研究采用美国 NIST 开发的自动喷头热响应模型 DETACT-QS 对自动喷头的热响应性能进行计算。选用的标准喷头动作温度为 68℃, 喷头响应时间指数 RTI = 150m^{1/2}s^{1/2}, 自动喷头至火源中心的最大水平距离为 2.5m, 顶棚高度为 7m, 选取常年平均温度 23℃。计算得到喷头开启时间为 204.3s, 对应的火源功率为 2879.9kW, 安全系数取为 2 后的火灾热释放速率为 5759.9kW/m²。

对于上车区内设置的机械排烟系统, 可由考虑安全系数的体积发烟量决定。

假设烟气停留在离地面 3m 高的位置，喷淋启动时，可以计算得到体积发烟量 V 为 28.7m³/s，考虑 1.5 的安全系数后，设定排烟量为 41.6m³/s，设定补风量为 21m³/s，设定补风口在接近地面的位置。

对火源位置、火源功率和排烟系统进行分析后，确定了 4 个火灾场景，如表 7.5 所示[179]。

表 7.5　设定火灾场景分析汇总表

场景编号	喷淋系统	机械排烟系统	火灾增长系数/(kW/s²)	最大火灾热释放速率/MW	设定排烟量/(m³/s)
A	无效	无效	0.069	25.0	0
B	有效	无效	0.069	5.8	0
C	无效	有效	0.069	25.0	41.6
D	有效	有效	0.069	5.8	41.6

研究选取了 6 个监测点，分别位于疏散楼梯入口旁离地面 2m 高的位置，编号为 L1～L6。监测点位置示意图如图 7.17 所示。

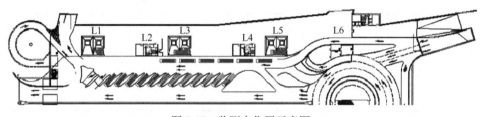

图 7.17　监测点位置示意图

7.3.2　模拟分析

数值模拟采用并行计算，1 台主机分配工作和存取数据，2 台从机计算。每个场景模拟烟气运动的时间为 1800s，数值计算共用 27100 个时间步。各火灾场景的计算时间如表 7.6 所示。

表 7.6　各火灾场景的计算时间

火灾场景	计算时间/s
A	61216
B	61563
C	64257
D	63616

下面只展示火灾场景 A 下的火灾发展过程。火灾场景 A 下火灾的初期发展规律如下：火源是火灾增长系数为 $\alpha = 0.069$ 的 t 平方火，火灾的最大热释放速率为

25MW/m^2，喷淋系统失效，机械排烟系统失效。火灾场景 A 下不同时刻的烟气蔓延过程如图 7.18 所示，其中颜色的深浅代表烟气浓度的大小。

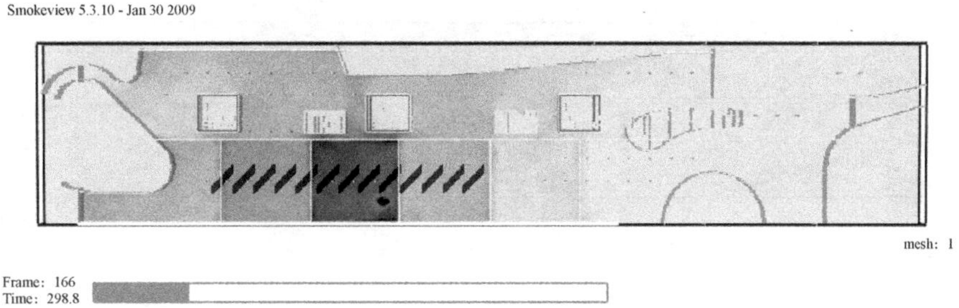

(a) 300s

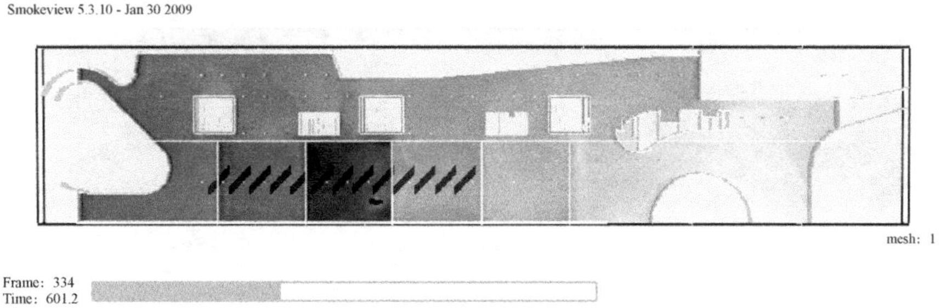

(b) 600s

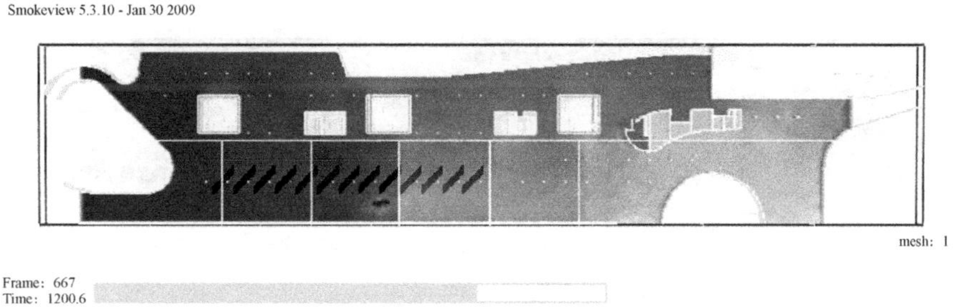

(c) 1200s

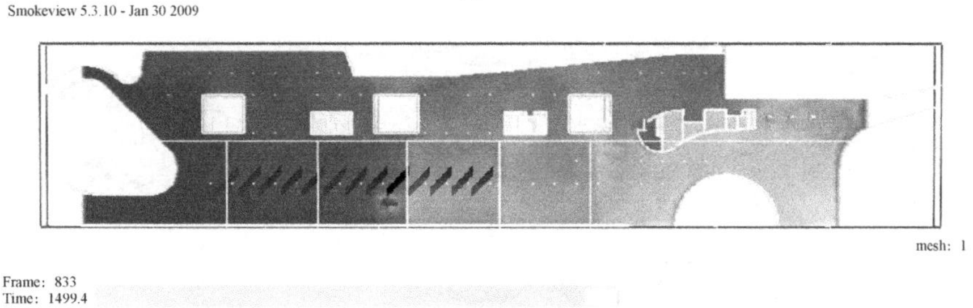

(d) 1500s

图 7.18　火灾场景 A 下不同时刻的烟气蔓延过程

火灾场景 A 下不同时刻的温度分布云图如图 7.19 所示。

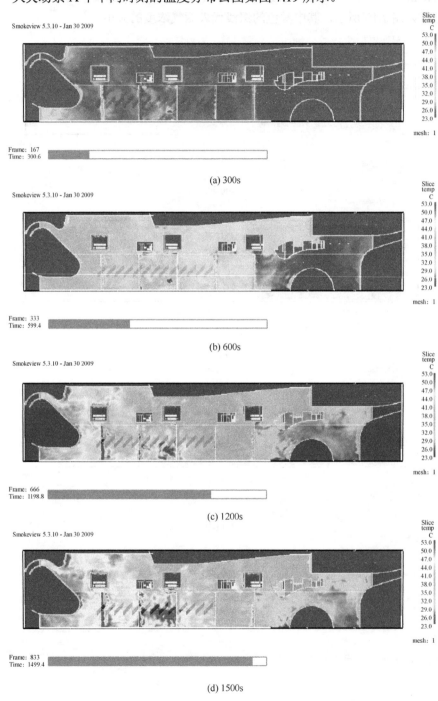

图 7.19　火灾场景 A 下不同时刻的温度分布云图

火灾场景 A 下不同时刻的能见度分布云图如图 7.20 所示。

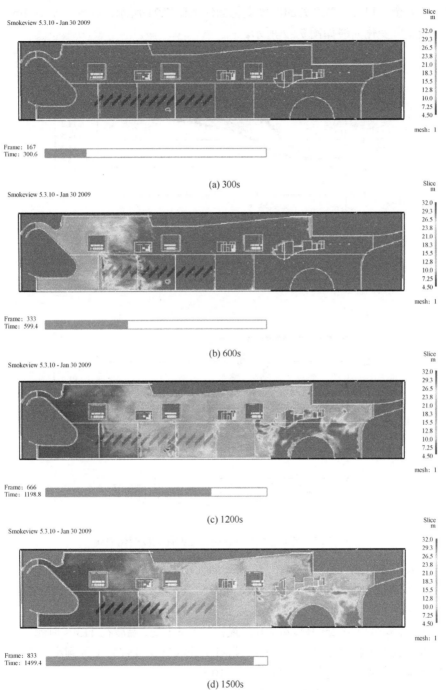

图 7.20　火灾场景 A 下不同时刻的能见度分布云图

一般取烟气自上而下发展到距地面 2m 高度的时间为人员安全疏散的临界时间，各安全出口 2m 高度处的温度变化曲线如图 7.21 所示，各安全出口 2m 高度处的能见度变化曲线如图 7.22 所示。

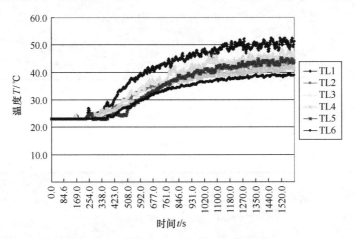

图 7.21　各安全出口 2m 高度处的温度变化曲线

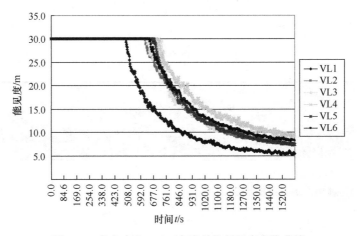

图 7.22　各安全出口 2m 高度处的能见度变化曲线

在火灾场景 A 设定的条件下，火灾烟气在 500s 时蔓延到通道的两端；火源附近 12m 范围内上方的烟气温度最高为 375℃，690s 后整个防烟分区的烟气温度超过 170℃，其他防烟分区的烟气温度低于 180℃，直至模拟结束温度仍未发生明显变化；在安全出口 2m 高度处，升温最快的是 L1 处，温度在 1130s 时超过 50℃，其他监测点均未超过 50℃；在 860s 时，L1 处的能见度首先下降到小于 10m，然后其他监测点的能见度相继下降到小于 10m。

各火灾场景下的数值模拟计算结果如表 7.7 所示。

表 7.7　各火灾场景下的数值模拟计算结果

火灾场景	烟气层温度达到180℃的时间/s	监测点温度达到50℃的时间/s	监测点能见度下降到10m 的时间/s	临界时间/s
A	*	1160	860	860
B	*	*	*	1800
C	*	*	1105	1105
D	*	*	*	1800

研究使用 FDS 软件对某地下公交站的不同火灾场景进行了数值模拟研究,得出的结论如下:

(1)烟气在火源处向上喷射,到达顶棚后向下运动。指标下降最快的往往是靠墙的出口,而且凹墙区域的指标普遍下降得比凸墙区域的快。因此,地下公交站在出口的布置上应该与墙壁保持距离,并且不宜设置在凹陷的死角。

(2)能见度指标通常领先其他指标到达危险状态。因此,相比于其他指标,能见度指标的评价更能体现建筑疏散的安全性能。

(3)喷淋装置启动时各火灾场景下的指标均未达到危险情况,未启动时都出现了危险情况。

(4)在喷淋系统有效情况下设置的排烟系统,可以延缓烟气的下降。

7.4　本章小结

首先,对某高层建筑楼梯间不同场景下的烟气运行特性进行了数值模拟,结果表明在自然通风、加压送风和循环通风三种方案中,在楼梯间能见度和余压指标方面,循环通风较其他方式具有较明显的优越性。其次,对某学生食堂进行了不同火灾场景下的数值模拟,结果表明在同样的火灾功率下,火源位置的不同对安全疏散的影响较为明显。最后,对某地下公交站进行了火灾数值模拟,结果表明能见度较其他指标更快达到危险状态,靠墙出口处的能见度下降更快,喷淋系统可以有效地控制烟气蔓延。

第8章 结　　论

8.1　主要结论

本书通过研究和建立建筑排烟能力的热烟测试方法，使用 PIV 对热烟羽流的速度场进行了微观研究，进行了热烟室内实验和现场实际测试检验，并采用数值模拟方法对 6 个实际建筑排烟案例进行了模拟计算，主要结论如下：

（1）在对比 NFPA 92B、AS 4391 等国外相关规范及分析国内外研究成果的基础上，提出用人工热烟测试方法检验建筑消防系统的排烟能力，设计了由火源、发烟、测量、辅助 4 个子系统组成的热烟测试系统，给出了热烟测试的具体流程。

（2）为了分析热烟羽流的流态特性，在实验室环境下采用粒子成像速度场仪对人工热烟羽流的流场进行了实验观测，得出了人工热烟羽流的流动形态，它与真实火灾烟气的流态特性相似且各项参数接近，表明使用发烟机产生热烟模拟真实火灾烟气是可行的，可以使用热烟测试方法检验建筑消防系统的排烟能力。基于分形理论对实验得到的烟气图像进行了烟雾纹理分析，结果表明热烟羽流具有明显的自组织性，热烟羽流在不同时刻、不同位置的分形维数在 2 和 3 之间。

（3）对实际建筑大空间的排烟系统进行了现场热烟实验，实现了对排烟系统的排烟能力和防火卷帘的气密性热烟检验，观测得出实验现场的烟气层界面在未开排烟风机时匀速下降、开启排烟风机后单调上升的 V 形变化规律。

（4）通过对大空间消防系统排烟能力与火灾烟气的作用模式分析，归纳出在排烟风机排烟量与火灾烟量的相互作用下，烟气层界面移动具有 V 形、半 U 形和斜 L 形 3 种模式。

（5）在实验室环境下进行了热烟测试实验，得出运用公式法、目测法、热电偶法得出的烟气层高度随时间变化的曲线基本一致，得出了在不同热释放速率下烟气层界面下降曲线呈负幂指数变化的规律。

（6）用 6 台配置相同的计算机组建了并行计算机组，有效地加快了模拟计算的速度。使用 Visual Basic 语言编制了数值模拟的图形化辅助程序；同时，为便于进行数值模拟计算，编制了常用的几何构件库。计算结果表明并行计算可以有效地加快计算速度。

（7）对热烟测试进行了对应的数值模拟研究，结果表明数值模拟与热烟测试的结果具有较为明显的一致性，数值模拟方法可以有效地得到排烟系统的改进方案。

综合研究结果表明，热烟测试方法可以有效地检验建筑消防系统的排烟能力，发现消防施工中存在的问题。

8.2 主要成果和创新点

（1）提出用人工热烟测试方法检验建筑消防系统的排烟能力，设计了由火源、发烟、测量、辅助4个子系统组成的热烟测试系统，给出了热烟测试的具体流程。

（2）使用粒子成像速度场仪测量了热烟羽流的速度场，通过与真实火灾烟气羽流速度场进行对比分析，证明了热烟羽流速度场与真实火灾烟气速度场的近似性，表明使用热烟测试方法模拟真实火灾烟气是可行和可信的。

（3）对实验得到的烟气图像进行了初步的纹理分析，计算得到的烟气图像分形维数都分布在2和3之间，表明烟气本身具有自组织性，这一规律对烟气研究分析和计算机模拟研究具有参考价值。

（4）使用自行设计的热烟测试系统对实际大空间建筑进行了全尺寸实验，结果表明可以比较有效地检验建筑的排烟能力，结合数值模拟可以比较方便地得到排烟能力不符合设计要求的消防系统的改进方案。

（5）编制了数值模拟中常用的几何构件库，降低了重复建模的成本。

8.3 工作展望

由于时间和实验条件的限制，有关热烟测试的如下工作尚未完成或开展，希望本领域的学者能够开展进一步的研究。

（1）热烟测试中的一些定量问题，比如实际发烟量的测量、发烟机的发烟量控制，还需要进一步研究和进一步精确。

（2）在热烟测量实际应用中，使用热电偶测量温度的方法在操作上比较麻烦，可以考虑更方便的测量方法。

（3）利用GPU进行数值计算可以加快计算速度，因此可以开展进一步的研究。云计算方法对于较大工程的计算也具有较好的前景，可以作为一个研究方向。

（4）热烟测试标准的制定对于消防性能评估的推广具有重要意义，制定标准需要相关研究单位开展合作，分享研究数据和经验。

附录 A 热烟羽流左侧部分 $t = 1/30\mathrm{s}$ 时的速度计算结果（部分）

x 坐标 ($10^{-3}\mathrm{m}$)	y 坐标 ($10^{-3}\mathrm{m}$)	x 方向速度分量 U (m/s)	y 方向速度分量 V (m/s)	速率 L (m/s)
151.4587375	2.8787375	0.000482159	0.000432557	0.000647752
151.4587375	5.8503375	−0.001558006	−1.51E−05	0.001558079
151.4587375	8.8219375	0.000886556	0.00196167	0.002152703
151.4587375	11.7935375	0.006350466	−0.023591502	0.024431278
151.4587375	14.7651375	0.035251584	−0.030142076	0.046381235
151.4587375	17.7367375	0.011293644	−0.030076591	0.032127056
151.4587375	20.7083375	0.000467046	−0.043448508	0.043451018
151.4587375	23.6799375	−0.002673697	−0.044850893	0.044930516
151.4587375	26.6515375	−0.001765676	−0.002966913	0.003452563
151.4587375	29.6231375	−0.020300176	−0.043134511	0.047672667
151.4587375	32.5947375	−0.022099663	−0.046047807	0.05107637
151.4587375	35.5663375	−0.021880273	−0.043235507	0.048456737
151.4587375	38.5379375	−0.024624877	−0.046108462	0.052272123
151.4587375	41.5095375	−0.024743982	−0.053097755	0.058580169
151.4587375	44.4811375	−0.018633109	−0.069852464	0.072294948
151.4587375	47.4527375	−0.018118076	−0.075450294	0.077595177
151.4587375	50.4243375	−0.026339315	−0.07385347	0.078409786
151.4587375	53.3959375	−0.036452606	−0.072315454	0.080983439
151.4587375	56.3675375	−0.044390105	−0.070412651	0.083237148
151.4587375	59.3391375	−0.048118085	−0.071139164	0.085884404
151.4587375	62.3107375	−0.05066894	−0.068884172	0.0855124
151.4587375	65.2823375	−0.05127817	−0.061136477	0.079794232
151.4587375	68.2539375	−0.046673682	−0.040862389	0.062033599
151.4587375	71.2255375	−0.044718307	−0.075892977	0.088087859
151.4587375	74.1971375	−0.049759489	−0.077981681	0.09250486
151.4587375	77.1687375	−0.03976208	−0.065269805	0.076427551
151.4587375	80.1403375	−0.032471888	−0.061958369	0.069951862

x 坐标 (10⁻³m)	y 坐标 (10⁻³m)	x 方向速度分量 U (m/s)	y 方向速度分量 V (m/s)	速率 L (m/s)
151.4587375	83.1119375	−0.02917834	−0.060520422	0.06718703
151.4587375	86.0835375	−0.024816388	−0.074593365	0.078613124
151.4587375	89.0551375	−0.025731314	−0.067412414	0.072156317
151.4587375	92.0267375	−0.028226947	−0.0673749	0.073048872
151.4587375	94.9983375	−0.029016027	−0.068063825	0.073990636
151.4587375	97.9699375	−0.019404016	−0.067611642	0.070340955
151.4587375	100.9415375	−0.019453261	−0.072100095	0.074678331
151.4587375	103.9131375	−0.013002217	−0.06999597	0.071193352
151.4587375	106.8847375	0.002474683	−0.055410072	0.055465306
151.4587375	109.8563375	−0.01250314	−0.049776163	0.05132246
151.4587375	112.8279375	−0.016151616	−0.016585009	0.023150318
151.4587375	115.7995375	−0.01684344	−0.018045858	0.024685106
151.4587375	118.7711375	−0.026587201	−0.023093561	0.035216357
151.4587375	121.7427375	−0.026028017	−0.035278913	0.043841297
151.4587375	124.7143375	−0.016055776	−0.04313438	0.046025674
151.4587375	127.6859375	−0.015956629	−0.055178337	0.05743921
151.4587375	130.6575375	−0.040246643	−0.056113917	0.06905479
151.4587375	133.6291375	−0.045358464	−0.047458027	0.065647959
151.4587375	136.6007375	−0.048331436	−0.071831048	0.08657729
151.4587375	139.5723375	−0.069805384	−0.078083642	0.104737036
151.4587375	142.5439375	−0.07230293	−0.04664699	0.086044496
151.4587375	145.5155375	−0.073211633	−0.04688352	0.086936802
151.4587375	148.4871375	−0.074385844	−0.025182579	0.078532898
151.4587375	151.4587375	−0.076710127	−0.02681178	0.081260785
151.4587375	154.4303375	−0.088971809	−0.022847995	0.091858661
151.4587375	157.4019375	−0.093918778	−0.018252378	0.095675944
151.4587375	160.3735375	−0.092979699	0.005001419	0.093114116
151.4587375	163.3451375	−0.08903411	0.003778918	0.089114269
151.4587375	166.3167375	−0.06572929	−0.000298078	0.065729966
151.4587375	169.2883375	−0.072815605	0.000583643	0.072817944
151.4587375	172.2599375	−0.079822883	0.004887464	0.07997237
151.4587375	175.2315375	−0.077529758	0.006612818	0.077811264
151.4587375	178.2031375	−0.076470539	0.004704262	0.076615099
151.4587375	181.1747375	−0.017540857	0.02340935	0.029251997

x 坐标 (10^{-3}m)	y 坐标 (10^{-3}m)	x 方向速度分量 U (m/s)	y 方向速度分量 V (m/s)	速率 L (m/s)
151.4587375	184.1463375	−0.047245827	−0.003610344	0.04738357
151.4587375	187.1179375	−0.000716888	0.007210249	0.0072458
151.4587375	190.0895375	−0.000847328	0.009607876	0.009645167
151.4587375	193.0611375	−0.004931562	0.000112905	0.004932854
151.4587375	196.0327375	−0.001320334	0.000366897	0.001370364
151.4587375	199.0043375	−0.002317886	0.000880801	0.002479598
151.4587375	201.9759375	−0.003418452	0.000129929	0.00342092
151.4587375	204.9475375	−0.002428447	−0.000286118	0.002445244
151.4587375	207.9191375	−0.002520579	0.000122128	0.002523536
151.4587375	210.8907375	−0.004492619	−0.000694166	0.004545931
151.4587375	213.8623375	−0.002424117	−0.000168522	0.002429968
151.4587375	216.8339375	−0.0005038	0.000275239	0.000574082
151.4587375	219.8055375	4.13E−05	−0.000476068	0.000477852

附录 B 热烟羽流右侧部分 $t = 1/30s$ 时的速度计算结果（部分）

x 坐标 (10^{-3}m)	y 坐标 (10^{-3}m)	x 方向速度分量 U (m/s)	y 方向速度分量 V (m/s)	速率 L (m/s)
9.56225	0.17825	0.101621807	0.091808856	0.136952026
9.56225	0.36225	0.097796105	0.089487091	0.132559487
9.56225	0.54625	0.104702219	0.077968158	0.130543435
9.56225	0.73025	0.107022621	0.069307469	0.127504379
9.56225	0.91425	0.118746854	0.078949824	0.14259695
9.56225	1.09825	0.128942221	0.078938678	0.151186677
9.56225	1.28225	0.149652004	0.086642504	0.172923815
9.56225	1.46625	0.146989003	0.087583713	0.171104277
9.56225	1.65025	0.146755338	0.078059241	0.166223868
9.56225	1.83425	0.128097847	0.087243952	0.154985695
9.56225	2.01825	0.124704823	0.074855216	0.145446197
9.56225	2.20225	0.125302926	0.069551028	0.14331144
9.56225	2.38625	0.126794696	0.066592082	0.143218017
9.56225	2.57025	0.116404444	0.055929862	0.129143889
9.56225	2.75425	0.11698693	0.056145865	0.129762476
9.56225	2.93825	0.10690625	0.049706973	0.117897114
9.56225	3.12225	0.09798234	0.045004334	0.107823601
9.56225	3.30625	0.096466564	0.04620621	0.10696173
9.56225	3.49025	0.089405224	0.037637401	0.097004474
9.56225	3.67425	0.08978644	0.044093277	0.100029105
9.56225	3.85825	0.087880805	0.04607293	0.099225757
9.56225	4.04225	0.077736594	0.046879731	0.090778231
9.56225	4.22625	0.064581655	0.055632137	0.085239221
9.56225	4.41025	0.058475386	0.058403995	0.082646218
9.56225	4.59425	0.05327386	0.048896868	0.072311879
9.56225	4.77825	0.055071656	0.049961429	0.074357459
9.56225	4.96225	0.065919921	0.048794989	0.082014553

x 坐标 (10^{-3}m)	y 坐标 (10^{-3}m)	x 方向速度分量 U (m/s)	y 方向速度分量 V (m/s)	速率 L (m/s)
9.56225	5.14625	0.064313784	0.036546215	0.073972216
9.56225	5.33025	0.063466512	0.03023603	0.070300893
9.56225	5.51425	0.066273294	0.029117072	0.072387523
9.56225	5.69825	0.066738971	0.028152809	0.072433907
9.56225	5.88225	0.066142268	0.021194663	0.069455118
9.56225	6.06625	0.065130442	0.012927343	0.066400984
9.56225	6.25025	0.086343944	0.029462582	0.091232233
9.56225	6.43425	0.104808517	0.03942278	0.111977591
9.56225	6.61825	0.110108972	0.029025812	0.113870468
9.56225	6.80225	0.114959933	0.021253429	0.11690806
9.56225	6.98625	0.136582807	0.037720617	0.141695829
9.56225	7.17025	0.164507449	0.058296278	0.174531249
9.56225	7.35425	0.165031254	0.059952397	0.175583612
9.56225	7.53825	0.162600026	0.058769498	0.17289483
9.56225	7.72225	0.145719901	0.055680681	0.155995602
9.56225	7.90625	0.133926287	0.046136957	0.141650518
9.56225	8.09025	0.129178345	0.04848488	0.137977638
9.56225	8.27425	0.123152599	0.049731065	0.132814688
9.56225	8.45825	0.106397241	0.048393574	0.116885889
9.56225	8.64225	0.096884005	0.039460987	0.104612045
9.56225	8.82625	0.096022792	0.037497208	0.103084515
9.56225	9.01025	0.081890747	0.048196621	0.095021096
9.56225	9.19425	0.077285871	0.039473481	0.086782842
9.56225	9.37825	0.060079221	0.025767501	0.065371836
9.56225	9.56225	0.031826247	0.008033837	0.032824572
9.56225	9.74625	0.005274999	0.000708438	0.005322359
9.56225	9.93025	0.000548335	0.000637957	0.000841226
9.56225	10.11425	−0.00080467	−6.39E−05	0.000807205
9.56225	10.29825	−6.44E−05	0.000107486	0.000125287
9.56225	10.48225	−0.000395162	0.000128817	0.000415628
9.56225	10.66625	−0.000223692	−4.74E−05	0.000228667
9.56225	10.85025	0.000183199	−0.000419409	0.000457674
9.56225	11.03425	0.000313982	0.000290005	0.000427419
9.56225	11.21825	0.000195311	0.00032497	0.000379146

x 坐标 (10^{-3}m)	y 坐标 (10^{-3}m)	x 方向速度分量 U (m/s)	y 方向速度分量 V (m/s)	速率 L (m/s)
9.56225	11.40225	−0.000810976	0.000381543	0.000896247
9.56225	11.58625	−0.000176034	−0.000242985	0.00030005
9.56225	11.77025	−0.00044385	−0.000192823	0.000483925
9.56225	11.95425	−0.001046219	0.000472411	0.001147932
9.56225	12.13825	−0.000279195	5.44E−05	0.00028444
9.56225	12.32225	0.000174066	−0.000156978	0.000234395
9.56225	12.50625	−0.000119602	−0.000252487	0.000279382
9.56225	12.69025	−0.000540242	−0.000210816	0.000579918
9.56225	12.87425	0.00035806	−0.019255189	0.019258518
9.56225	13.05825	0.000389206	0.000366988	0.000534941
9.56225	13.24225	6.79E−05	3.01E−05	7.43E−05
9.56225	13.42625	−0.00043569	0.000172233	0.000468498
9.56225	13.61025	−0.000389958	−0.001707642	0.001751601

附录 C 热烟羽流中间部分 $t = 1/30s$ 时的速度计算结果（部分）

x 坐标 (10^{-3}m)	y 坐标 (10^{-3}m)	x 方向速度分量 U (m/s)	y 方向速度分量 V (m/s)	速率 L (m/s)
154.4303375	2.8787375	0.045346445	0.327061211	0.330189848
154.4303375	5.8503375	0.038821682	0.337576783	0.339801718
154.4303375	8.8219375	0.0293323	0.336642666	0.337918139
154.4303375	11.7935375	0.009571226	0.328147699	0.328287254
154.4303375	14.7651375	−0.006152086	0.312145415	0.312206035
154.4303375	17.7367375	−0.013111941	0.314810965	0.315083904
154.4303375	20.7083375	−0.000290822	0.328787694	0.328787823
154.4303375	23.6799375	0.017299763	0.333283054	0.333731742
154.4303375	26.6515375	0.02518052	0.330791569	0.331748581
154.4303375	29.6231375	0.026632067	0.338708616	0.339754019
154.4303375	32.5947375	0.035475352	0.359076569	0.360824727
154.4303375	35.5663375	0.079884827	0.371692316	0.38017991
154.4303375	38.5379375	0.120990986	0.362768014	0.382412671
154.4303375	41.5095375	0.145859535	0.340535959	0.370458828
154.4303375	44.4811375	0.136126113	0.331026481	0.357922967
154.4303375	47.4527375	0.133110133	0.319588201	0.346200702
154.4303375	50.4243375	0.143028269	0.296227695	0.328949743
154.4303375	53.3959375	0.152934336	0.257410488	0.299414546
154.4303375	56.3675375	0.159781145	0.206698476	0.261255189
154.4303375	59.3391375	0.157869043	0.178965178	0.238644442
154.4303375	62.3107375	0.159337971	0.163648377	0.228406174
154.4303375	65.2823375	0.164520373	0.173691235	0.239239625
154.4303375	68.2539375	0.170849088	0.176324146	0.245519073
154.4303375	71.2255375	0.168572914	0.187057972	0.251808483
154.4303375	74.1971375	0.13821683	0.200053968	0.24315732
154.4303375	77.1687375	0.088307733	0.217259066	0.234520271
154.4303375	80.1403375	0.044103346	0.211323314	0.215876465

x 坐标 (10^{-3}m)	y 坐标 (10^{-3}m)	x 方向速度分量 U (m/s)	y 方向速度分量 V (m/s)	速率 L (m/s)
154.4303375	83.1119375	0.019567873	0.193201313	0.194189725
154.4303375	86.0835375	0.020213056	0.191504977	0.192568751
154.4303375	89.0551375	0.016798847	0.198613145	0.199322309
154.4303375	92.0267375	0.020660239	0.248564326	0.24942147
154.4303375	94.9983375	0.018942278	0.250824182	0.251538426
154.4303375	97.9699375	0.021882724	0.248115566	0.249078678
154.4303375	100.9415375	0.017510255	0.1990756	0.199844198
154.4303375	103.9131375	−0.001047576	0.183036781	0.183039779
154.4303375	106.8847375	−0.02520403	0.18068034	0.18242979
154.4303375	109.8563375	−0.044217547	0.191003261	0.196054679
154.4303375	112.8279375	−0.045133707	0.199003072	0.204057037
154.4303375	115.7995375	−0.039651926	0.19531577	0.199300088
154.4303375	118.7711375	−0.036470408	0.187631493	0.191143056
154.4303375	121.7427375	−0.052211499	0.167946718	0.175875355
154.4303375	124.7143375	−0.076920963	0.142731307	0.162139017
154.4303375	127.6859375	−0.103074909	0.114312877	0.153921638
154.4303375	130.6575375	−0.122469144	0.115239626	0.168163202
154.4303375	133.6291375	−0.142919963	0.150089002	0.207250631
154.4303375	136.6007375	−0.162053309	0.189623064	0.249435726
154.4303375	139.5723375	−0.14677302	0.201166635	0.249018743
154.4303375	142.5439375	−0.124402412	0.174488924	0.214294995
154.4303375	145.5155375	−0.094588771	0.118770651	0.151833801
154.4303375	148.4871375	−0.090253146	0.059378493	0.108034419
154.4303375	151.4587375	−0.073612128	0.010086619	0.074299968
154.4303375	154.4303375	−0.066011426	−0.008518696	0.06655882
154.4303375	157.4019375	−0.038353354	−0.023169372	0.044808477
154.4303375	160.3735375	−0.019348274	−0.031923381	0.03732905
154.4303375	163.3451375	0.002959374	−0.028158147	0.028313233
154.4303375	166.3167375	0.003700566	−0.015516386	0.015951565
154.4303375	169.2883375	0.002923656	−0.000433688	0.002955647
154.4303375	172.2599375	0.002991376	−0.0023641	0.003812782
154.4303375	175.2315375	0.004219559	−0.00196877	0.004656257
154.4303375	178.2031375	0.007300925	−0.002425106	0.007693155
154.4303375	181.1747375	0.008146906	−0.001026237	0.008211287
154.4303375	184.1463375	0.0073633	−0.001678044	0.007552087

x 坐标 (10⁻³m)	y 坐标 (10⁻³m)	x 方向速度分量 U (m/s)	y 方向速度分量 V (m/s)	速率 L (m/s)
154.4303375	187.1179375	0.005676559	0.00024192	0.005681711
154.4303375	190.0895375	0.002756102	0.00173589	0.003257209
154.4303375	193.0611375	0.001423758	0.00119693	0.001860035
154.4303375	196.0327375	0.000698169	−0.002385525	0.002485592
154.4303375	199.0043375	0.001489314	−0.002146576	0.002612631
154.4303375	201.9759375	0.000665864	0.001529144	0.00166783
154.4303375	204.9475375	−0.000389143	0.002456106	0.002486743
154.4303375	207.9191375	−0.000521545	0.002147047	0.002209484
154.4303375	210.8907375	−0.001335942	−0.000663982	0.001491849
154.4303375	213.8623375	−0.000721452	−0.000970617	0.001209376
154.4303375	216.8339375	0.00197207	0.008028263	0.008266926
154.4303375	219.8055375	0.005353685	0.01371131	0.014719442

参 考 文 献

[1] 范维澄,孙金华,陆守香,等. 火灾风险评估方法学[M]. 北京:科学出版社,2004: 1-10, 55-69, 495-535.

[2] Craig L. Beyler. *Fire Safety Challenges in the 21st Century* [J]. Journal of Fire Protection Engineering, 2001, 11(2): 4-15.

[3] Tie-Nan Guo, Zhi-Min Fu. *The fire situation and progress in fire safety science and technology in China* [J]. Fire Safety Journal, 2007, 42(3): 171-182.

[4] Vytenis Babrauskas. *Ignition: A Century of Research and an Assessment of Our Current Status* [J]. Journal of Fire Protection Engineering, 2007, 17(3): 165-183.

[5] 公安部消防局. 中国消防年鉴[M]. 北京：中国人事出版社，2002-2011: 1-20.

[6] 霍然，胡源，李元洲. 建筑火灾安全工程导论[M]. 合肥：中国科学技术大学出版社，1999: 1-7, 63-81, 191-194.

[7] James G. Quintiere. 火灾学基础[M]. 杜建科，王平，高亚萍. 北京：化学工业出版社，2010: 38-52, 219-248.

[8] 李亚峰，马学文，张垣，等. 建筑消防技术与设计[M]. 北京：化学工业出版社，2005: 1-13.

[9] 刘方，廖曙江. 建筑防火性能化设计[M]. 重庆：重庆大学出版社，2007: 93-106, 112-124, 136-145.

[10] 徐鹤生，周广连. 消防系统工程[M]. 北京：高等教育出版社，2004: 208-223.

[11] 郑瑞文，刘海辰. 消防安全技术[M]. 北京：化学工业出版社，2004: 21-36.

[12] SFPE. *SFPE Handbook of Fire Protection Engineering (2nd Edition)* [M]. USA: 2000.

[13] GB 50016-2006. 建筑设计防火规范[S]. 北京：中国计划出版社，2006: 57-60.

[14] GB 50045-95. 高层民用建筑设计防火规范[S]. 北京：中国计划出版社，2005: 36-42.

[15] GB 50098-98. 人民防空工程设计防火规范[S]. 北京：中国计划出版社，2001: 15-19.

[16] GB 50067-97. 汽车库、修车库、停车场设计防火规范[S]. 北京：中国计划出版社，1997: 21-22.

[17] 公安部四川消防研究所，上海市消防局. GB×××—2008 建筑防排烟系统技术规范（征求意见稿）. 2009: 18-25.

[18] G. Ramachandran. *Probability-Based Fire Safety Code* [J]. Journal of Fire Protection Engineering, 1990, 2(3): 75-91.

[19] John Klote, James Milke, Craig Beyler. *Review of Design of Smoke Management Systems* [J]. Journal of Fire Protection Engineering, 1993, 5(1): 33-34.

[20] Peter F. Johnson. *International Implications of Performance Based Fire Engineering Design Codes* [J]. Journal of Fire Protection Engineering, 1993, 5(4): 141-146.

[21] 刘勇. 中庭建筑防排烟相似模型实验研究[D]. 重庆：重庆大学，2002.

[22] K. H. YANG. *Analysis and Full-scale Experimental Validation of Performance-based Fire Engineering Designs in Malls, Atria and Large Spaces* [R]. Guangzhou: 5th Conference on Performance-Based Fire and Fire Protection Engineering, 2010.

[23] 中国知网知识元. 发烟器[EB/OL]. http: //www1.chkd.cnki.net/kns50/XSearch.aspx?KeyWord = %E5%8F%91%E7%83%9F%E5%99%A8

[24] Vytenis Babrauskas. *Fire Modeling Tools for Fse: Are They Good Enough?* [J]. Journal of Fire Protection Engineering, 1996, 8(2): 87-93.

[25] John H. Klote, Edward K. Budnick. *The Capabilities of Smoke Control: Fundamentals and Zone Smoke Control* [J]. Journal of Fire Protection Engineering, 1989, 1(1): 1-9.

[26] Cheok-Fah Than. *Smoke Venting By Gravity Roof Ventilators under Windy Conditions* [J]. Journal of Fire Protection Engineering, 1992, 4(1): 1-4.

[27] Frederick W. Mowrer. *A Closed-form Estimate of Fire-induced Ventilation through Single Rectangular Wall Openings* [J]. Journal of Fire Protection Engineering, 1992, 4(3): 107-116.

[28] George V. Hadjisophocleous, Noureddine Benichou, Amal S. Tamim. *Literature Review of Performance-Based Fire Codes and Design Environment* [J]. Journal of Fire Protection Engineering, 1998, 9(1): 12-40.

[29] Frederick W. Mowrer, James A. Milke, Jose L. Torero. *A Comparison of Driving Forces for Smoke Movement in Buildings* [J]. Journal of Fire Protection Engineering, 2004, 14(4): 237-264.

[30] Paul M. Fitzgerald. *Book Review: SFPE Classic Paper Review: Fire Behavior and Sprinklers by Norman J. Thompson* [J]. Journal of Fire Protection Engineering, 2005, 15(1): 63-69.

[31] W. K. Chow, L. Yi, C. L. Shi, et al. *Experimental Studies on Mechanical Smoke Exhaust System in an Atrium* [J]. Journal of Fire Sciences, 2005, 23(5): 429-444.

[32] John A. Schwille, Richard M. Lueptow. *A Simplified Model of the Effect of a Fire Sprinkler Spray on a Buoyant Fire Plume* [J]. Journal of Fire Protection Engineering, 2006, 16(2): 131-153.

[33] C. R. BARNETT. *A New T-equivalent Method for Fire Rated Wall Constructions using Cumulative Radiation Energy* [J]. Journal of Fire Protection Engineering, 2007, 17(5): 113-127.

[34] V.K.R. Kodur, M. Dwaikat. *Performance-based Fire Safety Design of Reinforced Concrete Beams* [J]. Journal of Fire Protection Engineering, 2007, 17(4): 293-320.

[35] X. Q. Sun, L. H. Hu, Y. Z. Li, et al. *Studies on smoke movement in stairwell induced by an adjacent compartment fire* [J]. Applied Thermal Engineering, 2009, 29(12): 2757-2765.

[36] C. L. Chow, W. K. Chow. *Heat release rate of accidental fire in a supertall building residential flat* [J]. Building and Environment, 2010, 45(7): 1632-1640.

[37] Chung-Hwei Su, Yu-Chang Lin, Chi-Min Shu, et al. *Stack effect of smoke for an old-style apartment in Taiwan* [J]. Building and Environment, 2011, 46(12): 2425-2433.

[38] J. Ji, W. Zhong, K. Y. Li, et al. *A simplified calculation method on maximum smoke temperature under the ceiling in subway station fires* [J]. Tunnelling and Underground Space Technology, 2011, 26(3): 490-496.

[39] C. G. Fan, J. Ji, Z. H. Gao, et al. *Experimental study of air entrainment mode with natural ventilation using shafts in road tunnel fires* [J]. International Journal of Heat and Mass Transfer, 2013, 56: 750-757.

[40] NFPA 92B. *Standard for Smoke Management Systems in Malls, Atria, and Large Spaces* [S]. USA: National Federation of Paralegal Associations, 1991.

[41] Said Nurbakhsh, Joanne F. Mikami, Gordon H. Damant. *Full Scale Fire Tests of Upholstered Furniture with Rate of Heat Release Measurements* [J]. Journal of Fire Sciences, 1991, 9(5): 369-389.

[42] Robert G. Bill, JR, Hsiang-Cheng Kung, Bennie G. Vincent, et al. *Predicting the Suppression Capability of Quick Response Sprinklers in a Light Hazard Scenario : PART 2: Actual Delivered Density (ADD) Measurements and Full-Scale Fire Tests* [J]. Journal of Fire Protection Engineering, 1991, 3(3): 95-107.

[43] G. O. Hansell, H. P. Morgan. *Design Approaches for Smoke Control in Atrium Buildings* [M]. United Kingdom: Building Research Establishment Press, 1994.

[44] Said Nurbakhsh, John Mccormack. *A Review of the Technical Bulletin 129 Full Scale Test Method for Flammability of Mattresses for Public Occupancies* [J]. Journal of Fire Sciences 1998, 16(2): 105-124.

[45] Joan M.A. Troup. *Extra Large Orifice (ELO) Sprinklers: An Overview of Full-scale Fire Test Perforance* [J]. Journal of Fire Protection Engineering, 1998, 9(3): 27-39.

[46] W.K. Chow. *Atrium Smoke Filling Process in Shopping Malls of Hong Kong* [J]. Journal of Fire Protection Engineering, 1998, 9(4): 18-30.

[47] Andrew K. Kim, Joseph Z. Su. *Full-Scale Evaluation of Halon Replacement Agents* [J]. Journal of Fire Protection Engineering, 1999, 10(2): 1-23.

[48] Carol A. Caldwell, Andrew H. Buchanan, Charles M. *Fleischmann. Documentation for Performance-based Fire Engineering Design in New Zealand* [J]. Journal of Fire Protection Engineering, 1999, 10(2): 24-31.

[49] John P. Woycheese, Patrick J. Pagni, Dorian Liepmann. *Brand Propagation from Large-Scale Fires* [J]. Journal of Fire Protection Engineering, 1999, 10(2): 32-44.

[50] 李元洲，霍然，周建军，等. 中庭内火灾烟气流动规律的研究[J]. 消防科学与技术，1999, 18(3): 4-8.

[51] W. K. Chow, E. Cui, Y. Z. Li, et al. *Experimental Studies on Natural Smoke Filling in Atria* [J]. Journal of Fire Sciences, 2000, 18(2): 84-103.

[52] Vincent Brannigan and Anthony Kilpatrick. *Fire Scenarios in the Enforcement of Performance-Based Fire Safety* [J]. Journal of Fire Sciences, 2000, 18(5): 354-375.

[53] 刘方，胡斌，付祥钊. 中庭烟气流动与烟气控制分析[J]. 暖通空调，2000, 30(6): 42-47.

[54] Paul A. Reneke, Michelle J. Peatross, Walter W. Jones, et al. *A Comparison of CFAST Predictions to USCG Real-Scale Fire Tests* [J]. Journal of Fire Protection Engineering, 2001, 11(1): 43-68.

[55] 李元洲. 中庭式大空间建筑内火灾烟气流动与控制研究[D]. 合肥：中国科学技术大学，2001.

[56] Y. Z. LI, R. HUO. W. K. CHOW. *On the Operation Time of Horizontal Ceiling Vent in an Atrium* [J]. Journal of Fire Sciences, 2002, 20(1): 37-51.

[57] 刘方. 中庭火灾烟气流动与烟气控制研究[D]. 重庆：重庆大学，2002.

[58] Haukur Ingason, Per Werling. *Experimental Study of Inlet Openings in Multi-Story Underground Construction* [J]. Journal of Fire Protection Engineering, 2002, 12(2): 79-92.

[59] Bjorn Karlsson, Greg North, Daniel Gojkovic. *Using Results from Performance-Based Test Methods for Material Flammability in Fire Safety Engineering Design* [J]. Journal of Fire Protection Engineering, 2002, 12(2): 93-108.

[60] I. D. Bennetts, I. R. Thomas. *Performance Design of Low-rise Sprinklered Shopping Centers for Fire Safety* [J]. Journal of Fire Protection Engineering, 2002, 12(4): 225-243.

[61] 刘方，刘勇，付祥钊. 中庭的形状系数与烟羽方程[J]. 消防科学与技术，2004, 23(4): 306-308.

[62] 易亮. 中庭式建筑中火灾烟气流动与管理研究[D]. 合肥：中国科学技术大学，2005.

[63] W. K. Chow, R. Yin. *Smoke Movement in a Compartmental Fire* [J]. Journal of Fire Sciences, 2006, 24(6): 445-463.

[64] Joseph B. Zicherman. *SFPE Classic Paper Review: Fire Performance under Full-scale Test Conditions – A State Transition Model and Coupling Deterministic and Stochastic Modeling to Unwanted Fire* [J]. Journal of Fire Protection Engineering, 2009, 19(2): 73-80.

[65] Tarek Beji, Steven Verstockt, Rik Van deWalle, et al. *Prediction of smoke filling in large volumes by means of data assimilation-based numerical simulations* [J]. Journal of Fire Sciences, 2012, 30(4): 300-317.

[66] AS 4391-1999. *Smoke management systems – Hot smoke test* [S]. Australian: Committee ME/62, 1999.

[67] Gordon Butcher. 对建筑烟气实验可靠性的探讨[J]. Fire Engineers Journal, 1999(3).

[68] 李训谷. 大空间中庭建筑性能式烟控系统设计分析[D]. 高雄：中山大学，2001.

[69] 祁晓霞. 利用发烟机进行烟气实验中存在的问题[J]. 消防科学与技术，2001, 20(4): 6-8.

[70] 冯炼，刘应清. 地铁火灾烟气控制的数值模拟[J]. 地下空间，2002, 22(1): 61-64.

[71] U. Schneider, M. Oswald, C. Lebeda. *Design of a Smoke Exhaust System in an Underground Subway Station in Vienna*. 2002.

[72] James A. Milke. *Effectiveness of High-Capacity Smoke Exhaust in Large Spaces* [J]. Journal of Fire Protection Engineering, 2003, 13(2): 111-128.

[73] 杨智胜. 大型购物中心大空间之性能式烟控与避难系统设计分析及全尺度实验印证[D]. 高雄：中山大学，2003.

[74] 王国栋，霍然，易亮，等. 热烟测试用于评价建筑烟控系统的讨论[J]. 消防科学与技术，2005, 24(1): 25-27.

[75] Jason E. Floyd, Sean P. Hunt, Fred W. Williams, et al. *A Network Fire Model for the Simulation of Fire Growth and Smoke Spread in Multiple Compartments with Complex Ventilation* [J]. Journal of Fire Protection Engineering, 2005, 15(8): 199-229.

[76] W.K. Chow. *Technical Issues on Atrium Hot Smoke Tests* [R]. Hong Kong: The 2nd Conference

on the Development of Performance-based Fire Code, 2005.

[77] 叶琼勤. 大空间建筑性能式烟控系统设计之 3D CFD 电脑模拟分析与全尺度实验印证[D]. 高雄：中山大学，2006.

[78] Kai Kang. *Computational Study of Longitudinal Ventilation Control during an Enclosure Fire within a Tunnel* [J]. Journal of Fire Protection Engineering, 2006, 16(3): 159-181.

[79] 薛岗，郭大刚，智会强，等. 热烟测试方法的研究[J]. 消防科学与技术，2006, 25(4): 466-468.

[80] W. K. Chow, L. Yi, C. L. Shi, et al. *Mass flow rates across layer interface in a two-layer zone model in an atrium with mechanical exhaust system* [J]. Building and Environment. 2006, 41(9): 1198-1202.

[81] 钟委，霍然，周吉伟，等. 某地铁站侧式站台火灾时机械排烟的补风研究[J]. 中国工程科学，2007, 9(1): 78-81.

[82] L. H. Hu, R. Huo, Y. Z. Li, et al. *Tracking a Ceiling Jet Front for Hot Smoke Tests in Tunnels* [J]. Journal of Fire Sciences, 2007, 25(2): 99-108.

[83] Ee H. Yii, Charles M. Fleischmann, Andrew H. Buchanan. *Vent Flows in Fire Compartments with Large Openings* [J]. Journal of Fire Protection Engineering, 2007, 17(3): 211-237.

[84] 祝实，霍然，胡隆华，等. 热烟测试方法的若干工程应用及讨论[J]. 消防科学与技术，2008, 27(8): 555-559.

[85] 张靖岩，刘文利，包盼其，等. 大空间建筑排烟效果的实验研究[J]. 消防科学与技术，2008, 27(9): 652-654.

[86] 谢元一，张晓明，胡忠日，等. 成都地铁浅埋区间隧道自然通风排烟方式的热烟实验研究[J]. 消防科学与技术，2008, 27(10): 739-741.

[87] 朱杰. 超高层建筑竖井结构内烟气运动规律及控制研究[D]. 合肥：中国科学技术大学，2008.

[88] 杨淑江. 有风条件下室内火灾烟气流动与控制研究[D]. 长沙：中南大学，2008.

[89] W. K. Chow. *Determination of the Smoke Layer Interface Height for Hot Smoke Tests in Big Halls* [J]. Journal of Fire Sciences, 2009, 27(2): 125-142.

[90] João Carlos Viegas. *The use of impulse ventilation for smoke control in underground car parks* [J]. Tunnelling and Underground Space Technology, 2010, 25(1): 42-53.

[91] 杨淑江. 大空间建筑防排烟系统性能化设计[J]. 安全与环境工程，2010, 17(5): 84-87.

[92] 黄颖. 某高大空间热烟实验研究[J]. 消防科学与技术，2011, 30(4): 286-289.

[93] Chung-Hwei Su, Chin-Lung Chiang, Jo-Ming Tseng, et al. *Full-scale experiment research for performance analysis of a mechanical smoke exhaust system* [J]. International Journal of the Physical Sciences, 2011, 6(14): 3524-3538.

[94] 李乐，谢元一，胡忠日. 某地铁车站热烟实验研究[J]. 消防科学与技术，2011, 30(10): 878-881.

[95] 张梅红，肖兴军，方正，等. 翔安海底隧道左线现场热烟测试[J]. 消防科学与技术，2011, 30(12): 1124-1127.

[96] 王荣辉，李元洲，匡萃，等. 某机场航站楼自然排烟系统有效性的热烟实验研究[J]. 安全与环境学报，2012, 12(2): 197-120.

[97] 钟委，纪杰，杨健鹏. 含屏蔽门地铁站烟气控制系统有效性的热烟实验研究[J]. 铁道学报，2012, 32(6): 90-95.

[98] 刘庚. 西安地铁 2 号线典型车站热烟测试评价研究[J]. 铁道标准设计, 2012(8): 133-136.

[99] Edwin Galea. *On the Field Modelling Approach to the Simulation of Enclosure Fires* [J]. Journal of Fire Protection Engineering, 1989, 1(1): 11-22.

[100] G.V. Hadjisophocleous, D. Yung. *A Model for Calculating the Probabilities of Smoke Hazard From Fires in Multi-Storey Buildings* [J]. Journal of Fire Protection Engineering, 1992, 4(2): 67-79.

[101] Raymond Friedman. *An International Survey of Computer Model for Fire and Smoke* [J]. Journal of Fire Protection Engineering, 1992, 4(3): 81-92.

[102] W. K. Chow. *On the Simulation of Atrium Fire Environment in Hong Kong Using Zone* [J]. Journal of Fire Sciences, 1993, 11(1): 3-51.

[103] G. V. Hadjisophocleous, M. *Cacambouras. Computer Modeling of Compartment Fires* [J]. Journal of Fire Protection Engineering, 1993, 5(2): 39-52.

[104] W. K. Chow. *Simulation of an Atrium Fire Using CCFM.VENTS* [J]. Journal of Fire Protection Engineering, 1993, 5(1): 1-9.

[105] R. N. Mawhinney, E. R. Galea, N. Hoffmann, et al. *A Critical Compatrson of a Phoenics Based Fire Field Model* [J]. Journal of Fire Protection Engineering, 1994, 6(4): 137-52.

[106] W. K. Chow, Anthony C.W. Lo. *Scale Modelling studies on Atrium Smoke Movement and the Smoke Filling Frocess* [J]. Journal of Fire Protection Engineering, 1995, 7(2): 55-64.

[107] W. K. Chow. *Simulation of Car Park Fires Using Zone Models* [J]. Journal of Fire Protection Engineering, 1995, 7(2): 65-74.

[108] Mingchun Luo, Yaping He. *Verification of Fire Models for Fire Safety System Design* [J]. Journal of Fire Protection Engineering, 1998, 9(2): 1-13.

[109] J. Ewer, E. R. Galea, M. K. Patel, et al. *Smartfire: An Intelligent CFD Based Fire Model* [J]. Journal of Fire Protection Engineering, 1999, 10(1): 13-27.

[110] Ray Sinclair. *CFD Simulation in Atrium Smoke Management System Design.* ASHRAE Transactions, 2001, 107.

[111] Philli A. Friday, Frederick W. Mowrer. *Comparison of FDS Model Predictions with FM-SNL Fire Test Data.* NIST GCR 01-810, 2001.

[112] W. K. CHOW, J. LI. *Simulation on Natural Smoke Filling in Atrium with a Balcony Spill Plume* [J]. Journal of Fire Sciences, 2001, 19(4): 258-283.

[113] W. K. Chow, Y. Z. Li, E. Cui, et al. *Natural smoke filling in atrium with liquid pool fires up to 1.6 MW* [J]. Building and Environment, 2001, 36(1): 121-127.

[114] 梁栋，周孝清，廖建卫，等. 室内火灾机械排烟过程烟气运动的数值模拟[J]. 广州大学学报（自然科学版），2002, 1(2): 58-62.

[115] S. M. Lo, K. K. Yuen, W. Z. Lu, et al. *A CFD Study of Buoyancy Effects on Smoke Spread in a Refuge Floor of a High-rise Building* [J]. Journal of Fire Sciences, 2002, 20(6): 439-463.

[116] J. E. Floyd, K. B. McGrattan, S. Hostikka, et al. *CFD Fire Simulation Using Mixture Fraction*

Combustion and Finite Volume Radiative Heat Transfer [J]. Journal of Fire Protection Engineering, 2003, 13(1): 11-36.

[117] Morgan J. Hurley. ASET-B: *Comparison of Model Predictions with Full-Scale Test Data* [J]. Journal of Fire Protection Engineering, 2003, 13(1): 37-65.

[118] Stephen M. Olenick, Douglas J. *Carpenter. An Updated International Survey of Computer Models for Fire and Smoke* [J]. Journal of Fire Protection Engineering. 2003, 13(5): 87-110.

[119] G. W. Zou, W. K. Chow. *Evaluation of the Field Model, Fire Dynamics Simulator, for a Specific Experimental Scenario* [J]. Journal of Fire Protection Engineering, 2005, 15(2): 77-92.

[120] L. Yi, W.K. Chow, Y. Z. Li, et al. *A simple two-layer zone model on mechanical exhaust in an atrium* [J]. Building and Environment, 2005, 40(7): 869-880.

[121] Guillermo Rein, Amnon Bar-Ilan, A. *Carlos Fernandez-Pello, et al. A Comparison of Three Models for the Simulation of Accidental Fires* [J]. Journal of Fire Protection Engineering, 2006, 16(3): 183-209.

[122] 史聪灵，钟茂华，霍然. 大空间内仓室火灾机械排烟的实验研究与模拟计算分析 [J]. 中国科学 E 辑：技术科学，2007, 37(9): 1184-1193.

[123] National Institute of Standards and Technology. *Fire Dynamics Simulator (Version 5) User's Guide*. USA: 2008.

[124] E. R. Galea, G. Sharp, P. J. Lawrence, et al. *Approximating the Evacuation of the World Trade Center North Tower using Computer Simulation* [J]. Journal of Fire Protection Engineering, 2008, 18(2): 85-115.

[125] Ming Wang, Jonathan. PERRICONE, Peter C. Chang, et al. *Scale Modeling of Compartment Fires for Structural Fire Testing* [J]. Journal of Fire Protection Engineering, 2008, 18(8): 223-240.

[126] W. K. Chow, S. S. Li, Y. Gao, et al. *Numerical studies on atrium smoke movement and control with validation by field tests* [J]. Building and Environment. 2009, 44(6): 1150-1155.

[127] Dechuang Zhou, Jian Wang, Yaping He. *Numerical Simulation Study of Smoke Exhaust Efficiency in an Atrium* [J]. Journal of Fire Protection Engineering, 2010, 20(2): 117-142.

[128] Xiaocui Zhang, Manjiang Yang, Jian Wang, et al. *Effects of Computational Domain on Numerical Simulation of Building Fires* [J]. Journal of Fire Protection Engineering, 2010, 20(4): 225-251.

[129] Nele Tilley, Pieter Rauwoens, BartMerci. *Verification of the accuracy of CFD simulations in small-scale tunnel and atrium fire configurations* [J]. Fire Safety Journal, 2011, 46(4): 186-193.

[130] 李海燕，王毅. 实验用流速测试技术的新发展[J]. 计测技术，2009, 29(2): 1-4.

[131] 杨小林，严敬. PIV 测速原理与应用[J]. 西华大学学报（自然科学版），2005, 24(1): 19-36.

[132] 孙鹤泉，康海贵，李广伟. PIV 的原理与应用[J]. 水道港口，2002, 23(1): 42-45.

[133] 徐玉明，迟卫，莫立新. PIV 测试技术及其应用[J]. 舰船科学技术，2007, 29(3): 101-105.

[134] 栗鸿飞，宋文武. PIV 技术在流动测试与研究中的应用[J]. 西华大学学报（自然科学版），2009, 28(5): 27-31.

[135] 石晟玮, 王江安, 蒋兴舟. 基于粒子成像测速技术的微气泡运动实验[J]. 期测试技术学报, 2008, 22(4): 346-349.

[136] 卢平, 章名耀, 陆勇. 利用 PIV 测量水煤膏雾化粒径的实验研究[J]. 东南大学学报（自然科学版）, 2003, 33(4): 446-449.

[137] 郁炜, 臧述升, 周见广. 燃烧流场测量的 PIV 应用初步研究[J]. 燃气轮机技术, 2002, 15(4): 39-41.

[138] 刘刚. PIV 技术在喷油雾化等流场测量中的运用[D]. 天津: 天津大学, 2007: 3-54.

[139] Yao Hao-wei, Dong Wen-Li, Liang Dong, et al. *Simulation of Full-scale Smoke Control in Atrium* [J]. Procedia Engineering, 2011, 11: 608-613.

[140] 胡志俭, 姚浩伟, 赵哲. 中庭火灾排烟能力的实验与仿真检验[C]. 中国消防协会. 2012 中国消防协会学科学技术年会论文集. 北京: 中国科学技术出版社, 2012: 575-579.

[141] 钟茂华. 火灾过程动力学特性分析[M]. 北京: 科学出版社, 2007: 112-118.

[142] 李引擎. 建筑防火性能化设计[M]. 北京: 化学工业出版社, 2002: 20-26.

[143] 多相复杂系统国家重点实验室多尺度离散模拟项目组. 基于 GPU 的多尺度离散模拟并行计算[M]. 北京: 科学出版社, 2009: 1-32.

[144] Zhao Zhe, Yao Hao-wei, Liang Dong, et al. *Construction and Capability Analysis of FDS Parallel Computing Environment* [J]. Procedia Engineering, 2011, 11.

[145] Yao Hao-wei, Zhao Zhe, Liang Dong, et al. *Parallel Computing of Numerical Simulation in Building Fire* [J]. Journal of Computers, 2012, 7(11): 2680-2683.

[146] 姚浩伟, 赵哲, 张亮, 等. 建筑火灾数值模拟的并行计算[J]. 科技通报, 2013, 29(3).

[147] Mehmet Fatih Akay. Constantine Katsinis. *Performance improvement of parallel programs on a broadcast-based distributed shared memory multiprocessor by simulation* [J]. Simulation Modelling Practice and Theory, 2008, 16: 338-352.

[148] 庞文强, 伍建林. CFD 并行计算平台的搭建与性能分析[J]. 重庆科技学院学报, 2009, 11 (6): 158-161.

[149] Maximilian Emans. *Performance of parallel AMG-preconditioners in CFD-codes for weakly compressible flows* [J]. Parallel Computing, 2010, 36(6): 326-338.

[150] 南江, 高超, 郑博睿. *Altix50* 在三维定常 N-S 层流数值模拟计算中的并行计算效率研究[J]. 航空计算技术, 2010, 40(2): 46-48.

[151] 郑秋亚, 刘三阳. 多块结构化网格 CFD 并行计算和负载平衡研究[J]. 工程数学学报, 2010, 27(4): 219-224.

[152] 姚浩伟, 梁栋, 胡志俭, 等. 基于大涡模拟的某民房火灾事故的数值再现[C]. 中国科学技术协会. 第十一届中国科协年会论文集. 北京: 中国科学技术出版社. 2009.

[153] Yao Hao-wei, Liang Dong, Hu Zhi-jian. *Reconstruction of a residential building fire based on large eddy simulation*[C]. International Symposium on Fire Science and Fire Protection Engineering. Beijing, 2009: 257-261.

[154] 李元洲, 霍然, 袁理明, 等. 中庭火灾中庭烟气充填特点的研究[J]. 中国科学技术大学学报, 1999(10): 591-594.

[155] Chow W. K, Edgar Pang C. L., Han S. S., Dong H., Zou G W., Gao Y., et al. *Atrium hot smoke*

tests in a big shopping complex. Journal of Applied Fire Science, 2006(14): 137-169.

[156] Li Sicheng. *Performance-based design of smoke control system in atria* [J]. Heating Ventilation & Air Condition, 2003, 33(4): 71-74.

[157] 胡志俭，姚浩伟，赵哲. 中庭火灾排烟能力的实验与仿真检验[C]. 中国消防协会. 2012 中国消防协会学科学技术年会论文集. 北京：中国科学技术出版社，2012: 575-579.

[158] 姚浩伟，赵哲，张亮，等. 地下空间优化烟气控制的数值模拟[C]. 中国消防协会. 2012 中国消防协会学科学技术年会论文集. 北京：中国科学技术出版社，2012: 165-169.

[159] K. H. Yang. *Full Scale Test of Tunnel Smoke Exhaust System of MRT System in Fire* [C]. 2008 International Conference on Safety & Security Management and Engineering Technology, 2008.

[160] L. H. Hu, Y. Z. Li, R. Huo, L. Yi, and W. K. Chow. *Full scale experimental studies on mechanical smoke exhaust efficiency in an underground corridor* [J]. Building and Environment, 2006, 41(12): 1622-1630.

[161] 纪杰，霍然，胡隆华，等. 长通道内排烟口与火源相对位置对机械排烟效果的影响[J]. 工程力学，2009, 26(5): 234-238.

[162] JI Jie, HUO Ran, HU Long-hua et al. *Influence of Relative Location of Smoke Exhaust Opening to Fire Source on Mechanical Smoke Exhaust Efficiency in a Long Channel* [J]. Engineering Mechanics, 2009, 26(5): 234-238.

[163] 刘明亮. 高层建筑防烟楼梯间防排烟方式[J]. 河南消防，2002(9): 24-25.

[164] Jae-Hun Jo, Jae-Han Lim, Seung-Yeong Song, et al. *Characteristics of Pressure Distribution and Solution to the Problems Caused by Stack Effect in High-rise Residential Buildings* [J]. Building and Environment, 2007, 42(1): 263-277.

[165] Maatouk Khoukhi, Hiroshi Yoshinoa, Jing Liu. *The Effect of the Wind Speed Velocity on the Stack Pressure in Medium-rise Buildings in Ccold Region of China* [J]. Building and Environment, 2007, 42(3): 1081-1088.

[166] George W. Woodruff. *Smoke Movement in Elevator Shafts during a High-rise Structural Fire* [J]. Fire Safety Journal, 2008, 5(4): 1-15.

[167] Michael J. Ferreira, P. E., John Cutonilli. *Protecting the Stair Enclosure in Tall Buildings Impacted by Stack Effect* [C]. Council on Tall Buildings and Urban Habitat. CTBUH 8th World Congress. Dubai: 2008: 1-7.

[168] 叶聪. 结构防火的性能化设计及评估[D]. 天津: 天津理工大学，2007: 1-8.

[169] 姚浩伟，梁栋，胡志俭，等. 高层建筑楼梯间烟气控制的 FDS 应用研究[C]. //中国科学技术协会. 第十届中国科协年会论文集. 北京：中国科学技术出版社，2008: 1131-1136.

[170] 秦挺鑫，郭印诚，张会强. 楼梯井内火灾过程的大涡模拟[J]. 工程热物理学报，2004, 25(1): 177-179.

[171] Yao Hao-wei, Liang Dong, Hu Zhi-jian, et al. *FDS Research on Smoke Control in the Stair Enclosure of a High-rise Building Fire Event*[C]. Proceedings of 2009 International Conference on Energy and Environment Technology. United States: IEEE Computer Society, 2009: 70-73.

[172] 谢树俊，叶聪，宋文华，等. 某商场首层性能化设计中人员安全疏散的评价[J]. 消防科学与技术，2007, 26(2).

[173] GB 50222-95. 建筑内部装修设计防火规范[S]. 北京：中国建筑工业出版社，1999.

[174] 倪照鹏，王志刚，沈奕辉等. 性能化消防设计中人员安全疏散的确证[J]. 消防科学与技术，2003, 22(5).

[175] 许超. 哈尔滨新纪元地下商业街火灾烟气的控制与人员疏散[D]. 哈尔滨：哈尔滨工程大学，2008.

[176] 邵力权. 浅谈地下建筑防火设计[J]. 福建建设科技，2007(1): 66-67.

[177] 李引擎. 建筑防火性能化设计[M]. 北京：化学工业出版社，2002.

[178] 公安部天津消防研究所. 火灾增长分析的原则和方法[R]. 国家十五重点科技攻关项目专题四研究报告，2004.

[179] 姚浩伟，梁栋，赵哲. 地下公交站火灾烟气运动数值模拟[J]. 消防科学与技术，2011, 30(1): 23-25.